LE
MÈTRE INTERNATIONAL
DÉFINITIF

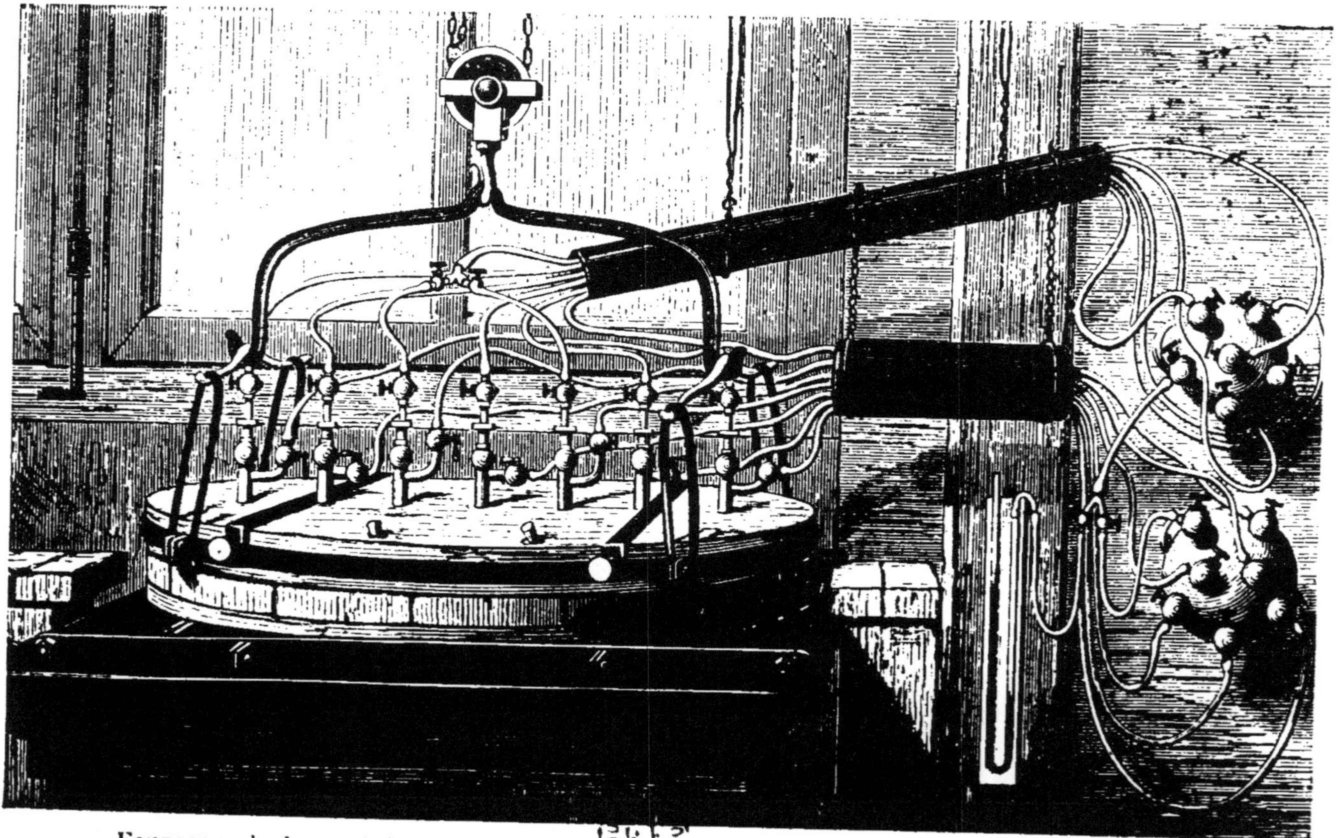

Fourneau où s'est opérée la fusion du platine, pour la confection des mètres internationaux.

LE
MÈTRE INTERNATIONAL

DÉFINITIF

PAR

WILFRIED DE FONVIELLE

PARIS

G. MASSON, ÉDITEUR

LIBRAIRE DE L'ACADÉMIE DE MÉDECINE

Place de l'École-de-Médecine.

1875

CORBEIL., typ. et stér. de CRÉTÉ FILS.

PRÉFACE

Lorsque les conseils législatifs de la première république eurent sanctionné les travaux de la Commission du mètre, un grand nombre d'auteurs essayèrent de vulgariser les principes du système métrique et d'en populariser l'usage. Mais ces efforts furent si peu heureux que François de Neufchâteau, alors ministre de l'agriculture et du commerce, prévint les administrations départementales et communales de ne point employer les fonds dont elles disposaient pour favoriser la propagation de ces ouvrages. Malgré les excellentes intentions des écrivains, ils ne donnaient aucune idée nette ni précise. Le célèbre homme d'État fit rédiger un *Manuel républicain*, qui fut répandu à profusion dans toutes les parties du territoire. On y avait réuni les notions scientifiques exactes dont les auteurs des traités sur le mètre avaient négligé de s'occuper.

Les progrès de l'éducation primaire ont rendu la publication d'un nouveau *Manuel républicain* tout à fait superflue. Cependant les pas faits vers l'adoption universelle dans ces dernières années sont trop importants pour qu'il ne soit pas nécessaire d'en tracer un tableau d'ensemble.

Nous avons longtemps espéré que quelque plume plus autorisée que la nôtre essayerait de décrire ces péripéties palpitantes ; car c'est en quelque sorte au milieu des désastres de l'année terrible que les idées véritablement françaises, qui ont produit le système métrique, ont remporté une victoire définitive.

Nous avons cru faire acte de bon citoyen en nous efforçant de montrer ce que ces succès ont d'encourageant. Heureux si notre zèle ne nous a pas égaré, et si, comme les auteurs dénoncés par François de Neufchâteau, nous ne sommes point restés trop au-dessous de notre tâche !

Nous ne nous proposerons en aucune façon de donner des détails techniques que chacun connaît actuellement et qui, sauf pour les parties tombées en désuétude, ont suffisamment pénétré dans toutes les parties de la population, mais nous ne négligerons rien pour faire briller la vraie philosophie du système, qui n'est pas moins important que la création de la nomenclature chimique, de l'alphabet universel, ou des chiffres arabes. Car on était animé par un même sentiment d'harmonie universelle et de paix générale en inventant des signes dont tous les hommes font usage pour représenter le langage humain ou les nombres, et plus recemment en débarrassant le vocabulaire scientifique d'une multitude de désignations bizarres.

Nous tâcherons d'esquisser quelques-uns des progrès qui résulteront forcément de l'adoption du mètre international définitif et qui sont si nombreux que, dans les siècles futurs, on rendra pleine justice, sous ce point de vue, à la Révolution française. Les hommes de l'avenir reconnaîtront dans cette réforme dont nous ne sommes point malheureusement à même d'apprécier l'importance, le point de départ d'une ère de justice, de vérité, d'équité dans les relations commerciales des divers membres de la famille humaine.

*

Nous avons été aidé dans notre œuvre par la lecture d'une multitude de publications diverses du plus haut intérêt, notamment la *Base du système métrique*, les *Mémoires d'Arago*, les opuscules de Biot, etc., etc ; enfin les procès-verbaux de la Commission du mètre. Nous avons trouvé le plus grand secours dans les journaux politiques et scientifiques, notamment dans la collection du *Moniteur universel*.

Nous rangerons certainement au premier rang de cette utile catégorie un dialogue entre un propriétaire et un arpenteur lu par M. Framery à la Société philomathique, dans la séance du dimanche 1er floréal an **XIII**.

Le capitaliste, demandant à acheter des terres près de Paris, se sert de l'ancien langage, et l'arpenteur le reprend et lui fait remarquer que les perches varient non-seulement dans le seul arrondissement de Paris, mais dans le même village.

« A Brie-sur-Marne, par exemple, dans le canton de Charenton-le-Pont, il y a des perches de 18 pieds : c'est la longueur la plus commune. Il y en a de 18 pieds 4 pouces, de 19 pieds 4 pouces, de 20 pieds et de 21 pieds.

Vous voyez que dans la même commune cette variation s'étend jusqu'à deux neuvièmes ; à Charenton-Maurice, à Nogent-sur-Marne, cette longueur est de deux espèces ; elle est de trois à Pantin qui touche à Belleville. Elle est de cinq dans le seul canton de Vincennes. Il y a donc cinq espèces d'arpents dans le département, suivant que les perches sont de 18 pieds 4 pouces, de 19 pieds 4 pouces, de 20 pieds et de 21 pieds. » Le capitaliste trouve ce désordre épouvantable, il demande à se décider entre deux lots, l'un à Saint-Ouen, l'autre à Nogent-sur-Marne ; ces deux lots sont du même nombre d'arpents, mais la perche de Saint-Ouen n'a que 18 pieds, tandis que celle de Nogent en a 22. Notre homme se console cependant en pensant qu'il en sera quitte pour faire un calcul de réduction pour juger de la superficie, mais il ne serait pas fâché de se rendre compte de l'importance de la récolte, ce qui n'est pas aussi commode qu'il l'imaginait. En effet, la pinte de Saint-Ouen contient 47 pouces cubes, tandis que celle de Nogent en contient jusqu'à 74. L'arpenteur lui apprend à ce propos que ces dif-férences de pintes ne sont pas les seules qui

existent : la pinte d'Épinay, qui confine à
Saint-Ouen, est de 74 pouces deux dixièmes,
celle du Grand-Chapitre est de 70, et celle du
petit de 66. Dans l'ancien village de Bercy,
qui fait partie du faubourg Saint-Antoine,
on trouvait 3 pintes, celle de 47 et celle de 74,
déjà nommées, plus une grande de 79.

Heureusement le boisseau est le même
dans toute l'étendue du département de la
Seine ; mais la manière dont se succèdent les
unités complexes dans le commerce des
grains détruit une partie de ce bienfait.

« Les grains se mesurent par muid valant
douze septiers, par septier valant deux mi-
nes, par mine valant deux minots, par minot
valant trois boisseaux, par boisseau se divi-
sant en demi, en quart, en demi-quart ou
huitième ; par litron qui en est la seizième
partie et se subdivise en demi, en quart, en
demi-quart ; enfin en mesurette qui est la
seizième partie du litron. »

Le capitaliste s'écrie qu'il lui est bien difficile de se mettre tant de noms dans la tête,
ce à quoi l'arpenteur réplique : « Tant pis
pour vous, puisque vous êtes effrayé d'y placer
les douze mots seulement qui forment toute

la nomenclature du nouveau système pour toute espèce de mesure et de poids. Mais si vous aviez à mesurer autre chose que du froment, de l'avoine, par exemple, le minot ne vaut plus trois boisseaux, il en vaut six. Il n'en vaut que quatre pour le sel, il en vaut huit pour le charbon de bois. Deux minots valent une voie, dans le cas ordinaire, mais celle du charbon de terre est de quinze minots, et le minot est alors de six boisseaux. »

« Heureusement, dit le capitaliste, le boisseau n'est pas ce qui m'intéresse le plus ; mais vous savez que je veux un peu de bois sur ma terre : combien la coupe de celle que vous me proposez pourra-t-elle me rapporter par an ? »

L'arpenteur. « C'est suivant la longueur des bûches. »

Le capitaliste. « Mais la longueur ordinaire de la bûche ? »

L'arpenteur lui explique qu'il n'y a pas de longueur ordinaire, mais que cette longueur varie suivant les lieux du département et termine son discours en l'engageant à employer son temps et son intelligence à apprendre le système métrique.

Lorsque le prince de Talleyrand demanda

à l'Assemblée constituante d'adopter un nouveau système de poids et mesure, tous les représentants de la nation s'associèrent à sa proposition par un vote unanime. Aucun des membres de la droite ne se leva pour défendre la livre, le muid ou la toise. Chacun semblait avoir horreur du désordre produit par l'étonnante variété des unités usuelles. Le fin diplomate, qui donnait le signal de cette transformation des unités usuelles, n'aurait pu se douter qu'il venait de commencer une véritable croisade, qui durerait autant que celles du moyen âge. Il ne pouvait deviner qu'une modification aussi légitime, aussi nécessaire, serait soumise à la loi de tous les progrès rêvés à cette époque d'élan général et d'opérations généreuses. Qui eût dit, à l'aurore de la Révolution française, que la haine des principes démocratiques s'étendrait jusqu'à ceux du système décimal des poids et mesures ; que ces unités si innocentes, si commodes, auraient leurs détracteurs violents, injustes, passionnés, et que l'on emploierait pour les écraser, le ridicule, le mensonge ?

Jamais il n'a été plus utile de résumer les

péripéties d'une histoire instructive, pleine d'enseignements de tout genre. En effet, nous sommes arrivés à une époque où il est important de calmer des impatiences qui, pour être généreuses, n'en seraient que plus dangereuses. De quel droit, après tout, nous étonnerions-nous des orages que soulève la régénération de la France, quand nous voyons les difficultés dont les institutions métriques ont eu à triompher ! Quelle superstition ridicule ne trouvera point ses défenseurs, puisque des savants illustres, des politiques influents n'ont pas craint de compromettre leur réputation pour soutenir des unités barroques, que les voleurs seuls ont jamais eu un intérèt quelconque à défendre !

L'établissement du mètre international faisait partie d'un ensemble comprenant la réforme du calendrier des monnaies, de la division décimale de la circonférence et du thermomètre. Ces quatre parties, que les auteurs du système métrique considéraient comme essentielles, ont été détachées de l'ensemble. La Commission internationale de 1874 ne s'occupe ni du franc, ni de l'unité de temps, ni de l'unité de température, ni du grade.

Image fidèle des institutions politiques rêvées par les hommes de cette grande époque, le système métrique ne peut triompher sans être tronqué. Il n'a gagné des adhésions quasi-individuelles, qu'après avoir perdu quelques-unes de ses parties essentielles.

Ce n'est pas nous qui nous chargerons de justifier la conduite des astronomes qui ont donné le signal de cet abandon. Mais le jugement que nous porterons sur leur faiblesse doit-il être plus sévère que le verdict condamnant les sectaires dont les exagérations ou les crimes furent exploités par les ennemis du progrès ?

Quoi qu'il en soit, la révolution métrique servira incontestablement de point de départ à un nombre considérable de réformes destinées à faciliter les rapports des hommes entre eux et à accélérer le progrès sous toutes ses faces ; mais nous indiquerons à peine ces horizons nouveaux, pour ne point allonger démesurément notre résumé et pour ne pas mélanger des hypothèses avec des résultats acquis, certains, désormais inébranlables.

Toutefois nous ne pouvons nous empêcher de mettre en évidence l'honneur qui en rejaillit sur notre nation au moment où nous pouvions croire que notre gloire allait s'éteindre.

L'hommage mérité que le monde entier a rendu aux principes de notre immortelle Révolution ne doit pas nous enorgueillir, mais nous donner la force de persévérer dans la voie féconde que nos pères ont tracée au prix de tant de sang et de tant de misères. Nous ne devons pas oublier que nous sommes héritiers de principes féconds, immortels, et que les fondateurs de notre première république ont eu l'immense orgueil de préparer le règne de la justice sur la terre. Cette idée grandiose doit leur faire pardonner leurs fautes, leurs crimes même.

C'est un avis que beaucoup d'Anglais fort savants, fort intelligents et dévoués au progrès auraient intérêt à suivre, quoiqu'ils aient passé sur les bancs d'Oxford et de Cambridge.

Ne faut-il pas dire la même chose des savants américains, qui n'ont point l'excuse de l'amour-propre national, puisqu'ils n'ont inventé ni la livré ni le yard, et qui devraient être séduits par les principes d'une réforme

décrétée à une époque où la France s'efforçait
pour la première fois de copier leurs institutions politiques nationales !

Puisse le triomphe désormais certain des
mesures que l'on a eu raison d'appeler si
longtemps républicaines, annoncer la fin des
épreuves de notre patrie et l'accomplissement
des destinées vers lesquelles elle gravite
d'une façon qui paraît être définitive !

Puissent toutes les nations qui, à l'exemple de la grande république de l'Ouest, ont
adopté les principes rationnels de gouvernement, s'unir pour tirer rapidement de la révolution métrique toutes les conséquences
pratiques qui en découleront forcément dans
un avenir plus ou moins rapproché ! Car ce
n'est pas inutilement que toutes les nations
civilisées se trouveront rapprochées dans un
but commun d'étude, et que la famille humaine aura eu pour la première fois dans
les membres de la Commission du mètre ses
véritables amphictyons scientifiques.

LE

MÈTRE INTERNATIONAL

DÉFINITIF

I

Le berceau du mètre.

L'invention des unités usuelles se perd posi-
tivement dans la nuit des temps. Il est probable
que les premières mesures de longueur furent
des parties du corps humain comme l'indiquent
encore les mots de brasse, de pas, de pied, de
pouce. Le quintal semble indiquer la quantité
de matière qu'un homme ordinaire peut porter
sur ses épaules, le sac ce qu'il peut charger ou
décharger sur une charrette, la voie ce qu'un
cheval peut traîner. Quant à la pinte elle rap-
pelle évidemment la ration d'un buveur ordinaire. Il ne serait point difficile de trouver de
même dans la mesure de notre soif et de notre
estomac l'origine de la chopine et du setier

L'usage des mesures grossières a persisté jusqu'à nos jours. Jamais sans doute il ne cessera pour les objets dont le commerce ne réclame aucune précision. Il est probable que dans tous les marchés de l'avenir on continuera toujours à vendre les champignons à la manne, les oignons à la botte, le cerfeuil à la poignée, les poires et les fromages de Gruyère à la douzaine avec le treizième en sus, les prunes au quarteron, et les fraises au panier. On peut dire qu'un grand progrès tout à fait indispensable s'est accompli lorsqu'un peuple a commencé à sentir le besoin de se procurer des unités invariables et de les placer sous la protection de quelque divinité afin de les soustraire autant que possible aux caprices des grands.

La première des unités usuelles s'est donc forcément produite à une époque très-reculée, tellement lointaine qu'on peut dire qu'elle a été inventée dans un âge où l'histoire elle-même n'avait point été imaginée. En effet, il n'y a pas de commerce et par conséquent pas de production régulière si la force prime le droit dans tous les échanges, et si la mesure du plus robuste est toujours la meilleure. Il ne faut pas nous étonner si nous sommes obligés

de remonter jusqu'à l'aurore des sociétés anti-
ques pour trouver les traces des premiers sy-
stèmes des poids et mesures. Il est naturel
qu'on les découvre sur les bords des grands
fleuves où les premiers peuples civilisés ont
établi les anciens empires.

Cette introduction de la justice distributive
dans les rapports sociaux a dû précéder l'exécution des travaux gigantesques qui font encore
aujourd'hui notre admiration dans la vallée du
Nil.

Ces prévisions que le simple raisonnement
permet de faire paraissent avoir été confirmées
par les recherches dont les pyramides ont été
l'objet depuis la fin du dernier siècle.

Bonaparte avait plus raison qu'il ne le pensait
lui-même de dire à ses soldats *que du haut de ces
monuments quarante siècles contemplent les armées de la République française.* En effet, un mètre définitif se trouvait inscrit en caractères in-
délébiles sur le front de ces colosses de pierre,
tandis que les savants français qui les explo-
raient avec un enthousiasme mélangé de stupéfaction n'avaient encore dans leurs bagages que
le mètre provisoire. Le côté du carré qui sert
de base à la grande pyramide, la longueur de

son arête inclinée, la distance verticale qui sépare l'entrée du monument de l'assise de rochers sur lesquels il repose, la longueur du corridor qui mène de ce seuil au canal ascendant, toutes ces lignes différentes ont un rapport évident avec les unités dont les Cophtes font encore usage de nos jours. Mais d'où venaient les unités dont les Égyptiens ont cherché à perpétuer le souvenir?

Nous ne devons point être étonnés d'apprendre qu'au lieu de déduire leur unité linéaire de la longueur du pied d'un despote, les hommes qui ont érigé ces monuments admirables aient eu l'idée de la tirer des dimensions de la terre elle-même. Aucune pensée ne devait se présenter plus naturellement à l'idée d'une nation laborieuse qui, dans sa religion comme dans son architecture, semble avoir eu pour but de manifester son admiration pour la grandeur et la majesté de la nature.

Bien des fois les savants modernes ont repoussé avec une sorte d'indignation l'hypothèse d'une civilisation antique dont la nôtre n'aurait été bien des fois que la plagiaire.

Mais quoique certains détails nous échappent et soient probablement destinés à nous échapper

toujours, il ne paraît pas possible de conserver un doute sérieux sur l'existence, dans ces temps reculés, d'un système parfait.

Les faces de la grande Pyramide sont orientées de manière à ce qu'une des arêtes latérales de la base coïncide avec la direction du vrai nord, ce qui suppose des observations astronomiques très-précises. Non-seulement la coudée des Égyptiens modernes est une partie aliquote de la longueur de l'apothème, mais la longueur elle-même de l'apothème est une partie aliquote d'une ligne géographique qui était évidemment très-importante aux yeux de leurs ancêtres. Il faut 5,000 de ces lignes pour former la longueur de la distance qui sépare l'île sainte de Meroë de la ville sacerdotale de Syenne. Cette distance est précisément égale à la cinquantième partie de la sphère terrestre.

Alexandrie, dont la distance aux cataractes est également de 5,000 stades, a peut-être été bâtie à la suite de mesures prises par les anciens prêtres de Memphis dont les monarques Hellènes voulaient être à toute force les continuateurs. Leur ambition était de faire de cette capitale si célèbre dans l'histoire de la philosophie une nouvelle cité sainte. Le but des

Ptolémées était, comme on le sait, de se faire considérer comme formant une nouvelle dynastie nationale. Ils ne pouvaient mieux réussir qu'en se conformant aux traditions scientifiques qui faisaient en quelque sorte partie des traditions religieuses d'une race studieuse et profondément attachée à l'étude mythique de la nature.

Alexandre lui-même, qui avait voulu se faire reconnaître comme fils de Jupiter Ammon, obéissait à une saine politique bien plus qu'à un fol orgueil. Heureux sont les conquérants qui peuvent invoquer les plus brillantes traditions de la terre !

II

Le système égyptien chez les Israélites.

Jusque dans la fabrication des briques qui ont servi à construire le labyrinthe, les ingénieurs de la grande expédition d'Égypte ont trouvé la preuve que les anciens habitants du pays avaient reproduit la longueur de leur mètre. Les fouilles récentes ont confirmé cette manière de voir en nous donnant les règles en granit dont se servaient ces grands bâtisseurs. Puisque le mètre était partout en Égypte, il devait forcément se répandre avec la civilisation égyptienne elle-même, et déborder chez les nations voisines sans que les Égyptiens aient eu, comme les républicains français, la moindre ambition de faire la propagande de leur système.

Parmi les peuples qui devaient forcément s'y soumettre nous devons citer en première ligne les Hébreux, car ils avaient dû apprendre à s'en servir pendant tout le temps qu'ils habitaient la terre d'Égypte; ils l'ont emporté dans leur fuite peut-être comme des ouvriers dérobant des outils appartenant à leurs maîtres.

Ne pourrait-on pas supposer jusqu'à un certain point que l'auteur de la Genèse a eu l'intention de déguiser un emprunt en faisant croire que la coudée existait avant le déluge, puisque l'Éternel avait pris la précaution d'indiquer lui-même à Noé les dimensions de l'arche dans laquelle il devait chercher un refuge avec ses serviteurs et les animaux dont Jéhovah lui avait ordonné de sauver la race.

Si l'on pouvait conserver à ce sujet le moindre doute, on pourrait facilement surprendre les Hébreux en flagrant délit d'imitation des mesures égyptiennes. Même avant la révolution française, Newton, Édouard Bernard, Ferret, tous les métrologues étaient tombés d'accord sur ce point important de l'histoire sainte. Il était admis par ces différents écrivains que la coudée des Israélites ne pouvait être autre que celle de leurs instituteurs.

Les fugitifs ne pouvaient évidemment avoir la prétention de construire des monuments aussi durables que ceux des Pharaons, dont ils fuyaient la vengeance. Mais dès qu'ils eurent un sanctuaire pour Jéhovah ils s'empressèrent de s'en servir pour y placer les types de leurs unités de mesure.

Les écrivains sacrés nous apprennent qu'il se trouvait dans le temple de Jérusalem un poids connu sous le nom de sicle d'argent et une mesure de capacité que l'on appelait pompeusement la mer d'airain. Cette mer d'airain était un immense vase de forme hémisphérique et dont la contenance avait été divisée en 2,000 mesures usuelles analogues au gallon des Anglais. Le diamètre de cette cuve était de 20 coudées, et par conséquent sa hauteur était d'environ 100 pouces.

Le bord portait en guise d'ornement un cordon formé de têtes de bœuf, de sphères et de pommes entrelacées et sculptées avec tout le soin dont les orfévres juifs étaient capables. Le vase était, en outre, monté sur un pied reposant sur une sorte de table de forme quadrangulaire; chaque angle était occupé par un groupe de trois bœufs. Ces quatre groupes laissaient entre eux quatre passages dont on se servait pour puiser l'eau des sacrifices.

Les proportions du temple avaient été combinées de manière à rappeler dans toutes ses parties les mesures sacrées. Comme on le voit, les Hébreux s'étaient montrés dociles élèves.

La plateforme sur laquelle on avait bâti le temple avait six cents coudées carrées. Cet espace était environné d'une muraille haute de six coudées et large d'autant.

Les rabbins et les cabbalistes ont conservé avec un soin tout à fait extraordinaire la description des moindres détails.

Dans l'intérieur de la muraille on traversait en première ligne le parvis des gentils qui n'avait pas moins de cinquante coudées de large et qui régnait tout autour. On arrivait ensuite au pied d'un carré dont le côté était de cinq cents coudées, et qui était environné par une seconde enceinte. Dans l'intérieur de ce second mur on rencontrait le parvis d'Israel, c'était un second carré parfait dont chaque côté avait précisément cent coudées de longueur.

On retrouvait partout des formes analogues reproduisant des multiples exacts de la coudée emportée d'Égypte. Pour que la coudée pérît, ce n'était point assez que le temple fût rasé, et qu'il n'en restât pas pierre sur pierre. Le parvis des prêtres était également quadrangulaire et avait les mêmes dimensions que le parvis d'Israël. Il n'en différait que par des détails archilecturaux dont nous n'avons point à nous inquiéter ici.

L'arche d'alliance que les Hébreux portaient dans leur fuite à travers le désert, était un cube parfait qui avait une coudée et demie dans tous les sens, mais il n'en était pas de même du tabernacle dont la forme allongée rappelait plutôt celle de l'arche de Noé. La section transversale était un carré qui avait dix coudées de côté, et la grande arête avait trente coudées de longueur. Le parvis au milieu duquel on avait placé l'arche était un rectangle moins allongé, car le rapport des côtés était de 1 à 2 au lieu d'être de 1 à 3 comme dans le rectangle de base du tabernacle. La largeur de cet espace vide qui servait d'encadrement au tabernacle était de cinquante coudées, et, d'après ce que nous venons de dire, il avait précisément cent coudées de longueur. Si l'on étudiait les traditions des rabbins, on pourrait retrouver l'origine et la signification de ces nombres qui tous avaient leur signification cabalistique. La superstition et la magie devaient avoir une grande influence tant sur les dimensions des temples, que sur les unités linéaires. Les poids et les longueurs choisies comme mesure possédaient fatalement une sérieuse importance aux yeux de gens qui croyaient presque tous aux incantations et aux sortiléges. Il est resté dans notre pharmacopée une trace de ces préoccupations avilissantes. Jusqu'à nos jours, les anciens poids ont été tolérés dans les officines comme s'il y avait dans les doses quelque chose d'exact qui ne se prêterait point à une traduction quelconque. Pendant bien longtemps quelques praticiens ont agi comme s'il était permis de croire que certains médicaments ne peuvent agir que d'une façon surnaturelle. Ils ne sont efficaces que parce que les poids avec lesquels on les mesure, possèdent une certaine valeur mystérieuse, aussi essentielle que les paroles consacrées devant être prononcées pour l'exécution d'un exorcisme ou d'un sortilége !

III

La coudée olympienne.

Si d'aussi beaux monuments que les Pyramides avaient été consacrés à la conservation des
unités métriques de l'Égypte, ce grand fait n'é-
tait point isolé dans la civilisation d'une race si
intelligente. D'immenses travaux avaient dû être
accomplis avec une persévérance non moins
grande. En effet, c'est en Égypte qu'a pris
naissance le calendrier et la division de la circonférence en 360 degrés, ce qui en est une des
premières conséquences. Les Grecs ont adopté
ces grands résultats de la science égyptienne, il
serait étonnant qu'ils soient restés étrangers au
système égyptien des poids et mesures, que plus
intelligents que les Hébreux, ils pouvaient apprécier sans avoir été réduits en esclavage. Car
la lumière scientifique était trop vive pour
pouvoir être entièrement conservée dans l'intérieur des sanctuaires. Cette régularité dans
les poids et mesures, qui, dans un siècle aussi
positif que le nôtre, fait encore le plus grand

charme du système républicain, avait incontestablement séduit l'imagination des philosophes grecs. A leurs yeux, la recherche des longueurs, des poids, des volumes devant servir
d'unité, des normes, était certainement une
œuvre religieuse. Elle devait leur paraître essentiellement analogue à l'étude des formules ré-
glant la longueur des cordes de la lyre, ou ser-
vant à déterminer soit l'accord parfait, soit la
gamme ; n'est-ce point, en effet, dans la recherche de l'harmonie que ces sages faisaient consis-
ter en grande partie la science.

N'ont-ils pas enseigné plus d'une fois que
c'est dans la conception exacte de ces rapports
nécessaires, de ces grands coefficients naturels
que réside la véritable harmonie matérielle, celle
que l'on pourrait appeler l'image de la pensée
du Créateur ?

Si la philosophie des Pythagoriciens avait inspiré les législateurs de la Grèce, nul doute que
l'on n'ait retrouvé dans toutes les parties du
système des poids et mesures l'ordre, la proportion et le nombre. La métrologie hellénique
eût certainement offert les avantages que le
système décimal a permis de réaliser plus tard.
Mais la raison des compatriotes d'Homère et de

Démosthènes, n'était pas mûre pour de si grandes conceptions trop abstraites. Le génie grec
devait se borner à perfectionner l'architecture
des temples et à trouver les règles typiques de
la beauté dans l'étude des statues d'hommes, de
dieux et de sphinx.

Les différentes républiques qui se sont parta-
gées pendant si longtemps le sol de la Grèce,
présentaient donc à peu près la même bigarrure
de poids et mesures qui existent aujourd'hui
dans notre Europe moderne. Cependant il y
avait une grande unité nationale protégée par
le respect universel qu'inspiraient les jeux olym-
piques. Dans le sanctuaire de Jupiter on con-
servait un mètre qui n'était autre que la coudée égyptienne, et qui dominait en quelque
sorte toutes les mesures spéciales à toutes les
républiques individuelles, de même que le Dieu
qu'on adorait en ce lieu dominait sur toutes
les divinités particulières ; c'était la coudée des
Pyramides qui planait en quelque sorte du haut
de ce sanctuaire sur les affaires commerciales
de cette race capricieuse des Pélasges.

Mais comment la coudée égyptienne avait-elle
trouvé sa route jusque dans ce temple ? C'est
un mystère que l'histoire de l'antiquité nous a

légué et qui semble être devenu insoluble comme tant d'autres énigmes.

Quoi qu'il en soit la mesure olympienne parvint à s'installer à Alexandrie quand la civilisation grecque reflua vers sa source. Elle entra sans doute dans la composition de la fameuse coudée du Nilomètre à l'aide de laquelle les officiers des Ptolémées proclamaient la hauteur des crues du fleuve. C'était la grande affaire des autorités égyptiennes et nous ne pouvons nous faire une idée de l'intérêt qu'elle excitait chez les populations agricoles de la vallée du Nil, nous qui nous contentons d'enregistrer négligemment les hauteurs de notre Seine au-dessus de l'étiage du pont de la Tournelle et du pont Royal. En effet, malgré les désastres partiels qu'ils peuvent créer, les débordements de nos rivières les plus terribles n'ont qu'une importance relativement secondaire.

IV

Le systéme métrique des Romains.

Les Romains avaient également l'habitude de
faire servir les temples de leurs dieux à la conservation de leurs poids et de leurs mesures.
Tantôt ils mettaient au Capitole des amphores
dont la capacité avait été déterminée d'une façon soigneuse. Tantôt ils confiaient la garde
des étalons aux prêtres d'Hercule ou à ceux de
Castor. C'était en qualité de pontife que Jules
César avait pu remanier leur pied et leur livre.
Il avait opéré au même titre que pour donner
le calendrier Julien au monde. Le dieu Terme qui
sous la forme d'une borne présidait au partage
des terres était adoré au Capitole. De ce Dieu par-
taient les fameuses colonnes miliaires qui allaient
jusqu'au bout de l'empire, et qu'on retrouve
quelquefois encore en même temps que les ves-
tiges des anciennes voies romaines.

Le peuple-roi, éminemment sévère, devait
traiter avec rigueur les détenteurs de faux poids,
et ceux qui en faisaient usage. Il les assimilait

aux faussaires et les punissait en conséquence.

Quoique l'origine des pieds et des livres fût sacrée, les Romains se préoccupaient peu de connaître leur histoire, mais les étalons étaient définis avec la précision la plus grande. Les plébiscites dont Faustin nous a conservé le texte sont rédigés avec une netteté que l'on peut dire toute moderne. L'inspection des poids et mesures était une des fonctions qu'exerçait régulièrement le préfet du prétoire. Dans beaucoup de détails importants, les vérifications que l'on croit modernes sont une imitation plus ou moins déguisée de celles des Césars.

Le système de numération et de calcul de quirites était très-compliqué, mais leurs unités se déduisaient les unes des autres d'une façon très-simple; ainsi le quadrantal, mesure de capacité, pesait précisément quatre-vingts de leurs livres quand on le remplissait de vin. Les amphores dont se servait le vieux Caton pour serrer le produit de ses vendanges, se pesaient donc sans balances, mieux que les tonnes des vignerons de nos jours.

Depuis la découverte de Pompéi et d'Herculanum on possède des mesures romaines de différentes époques, mais nous n'avons point

intérêt à nous appesantir sur les transforma-
tions d'un système qui n'ayant point sa source
dans la nature ne dépendait plus que de la volonté du législateur. Ce qu'il nous importe de
constater c'est que l'usage des mesures impériales était universel quoique facultatif, car elles
n'excluaient point les unités locales dans les
différentes régions de l'empire pas plus que les
mesures particulières.

Pauvres mathématiciens, mais excellents ad-
ministrateurs, les Romains paraissent donc avoir
tiré un très-bon parti d'un système de poids et
mesures dont ils n'étaient point les inventeurs,
mais dont ils comprenaient à merveille l'importance. Ils semblent, en effet, avoir reçu de troisième main leurs poids et leurs mesures comme
leur calendrier, leur philosophie, leur science.
Mais ils sont parvenus, à l'aide de leur génie de
juristes et de soldats, à discipliner sous ce point
de vue les peuples qui leur furent soumis. La
coudée romaine joue donc un rôle éminent dans
l'histoire du monde aussi bien que le mille et le
pas qui servaient à régler le pas des légionnaires
si longtemps l'effroi de tous les barbares. Il n'est
donc pas étonnant que les poids et mesures des
Romains aient survécu pendant longtemps à la

chute de l'empire, car elles rappelaient les bien-
faits d'un temps qui n'était plus. Les populations habitant des régions dévastées par l'invasion barbare, y voyaient la promesse d'un sort
moins amer, en même temps qu'une protestation contre les désordres des temps agités. Mais
la tradition s'étant peu à peu évanouie, les noms
eux-mêmes disparurent quelquefois. Chaque village finit par avoir des poids et des mesures que
le moindre bandit blasonné modifiait à sa guise.
A peine si quelques savants se doutaient de
l'existence des unités impériales qui présidaient
aux transactions de tous les sujets des Césars
et qui faisaient régner dans toutes les parties
de l'empire un ordre inconnu au moyen âge.

V

La coudée noire du calife Al-Mamoun.

Les Arabes sont célèbres dans la science pour
nous avoir transmis les chiffres décimaux que
ni les Grecs, ni les Romains, ni les Égyptiens ne
connaissaient. Ils ont donc servi pour leur part
à la création du système métrique dont une des
principales propriétés est d'avoir été assujetti à
la numération décimale. Cependant l'histoire de
leurs poids et mesures est d'une confusion sans
pareille.

La lecture des auteurs orientaux est souvent
entravée par la répétition de noms connus appli-
qués à des unités notoirement différentes. Presque toujours le mot arabe désigne des mesures
locales que les conquérants avaient respectées.
Il donne par conséquent prise aux méprises les
plus grossières, aux quiproquos les plus bur-
lesques, aux charades les plus embarrassantes.
A plusieurs reprises des princes éclairés ont es-
sayé de mettre de l'ordre dans ce chaos, mais
n'ont réussi qu'à l'augmenter. Tel fut le résultat

de la réforme tentée dans le quatrième siècle de l'égire par le calife Al-Mamoun, le fils du célèbre Haroun Al-Raschild. Ce khalife fit exécuter, comme on le sait, la première des grandes mesures géodésiques qui ait été prise depuis la chute de l'empire égyptien. C'est à son époque que l'on peut fixer l'apogée de l'astronomie arabe, dont il fut un des plus zélés protecteurs. On peut donc admettre que la mesure linéaire dont il avait imposé l'usage n'était pas le fruit du caprice et du hasard, mais le résultat des grands travaux géodésiques qu'il avait fait exécuter, et qu'il comprenait très-bien que c'est dans la nature qu'il faut chercher les bases de tout système rationnel. Cependant les historiens arabes sont loin d'avoir fait à Al-Mamoun l'honneur d'une détermination aussi sage. Toujours poursuivis par l'idée de dramatiser toutes les résolutions des grands, et de rapporter les événements de l'histoire à des causes bizarres, les conteurs orientaux ne pouvaient respecter la coudée du khalife, pas plus qu'ils ne l'avaient fait des poids adoptés par le prophète.

Une tradition fort répandue dans l'Orient rapporte que ce souverain adopta la longueur de l'avant-bras de son esclave éthiopien favori pour déterminer la valeur de sa fameuse coudée noire. Mais il nous sera permis de croire que le prince qui eut l'intelligence de faire mesurer un degré dans les plaines de Mésopotamie, c'est-à-dire dans des conditions excellentes pour avoir la forme de la terre, suivait des considérations plus nobles, et qu'il ne se proposait point de perpétuer uniquement le souvenir de la longueur de l'os d'un nègre doué d'une force athlétique. Il obéissait plus probablement à l'amour de la science, qu'à un caprice de despote. On doit considérer rationnellement Al-Mamoun comme un des ancêtres des savants qui dans un siècle plus éclairé sont parvenus à ramener la métrologie dans sa tradition rationnelle, et qui ont rattaché les unités fondamentales aux dimensions du monde.

Pour comprendre l'histoire des poids et mesures chez les Arabes, il faudrait posséder l'intelligence des auteurs qui ont écrit sur l'élixir de longue vie, la pierre philosophale et le mouvement perpétuel. L'art de faire de l'or était lié à l'astrologie et à des considérations puériles sur les grandeurs et sur les nombres. On attachait une égale importance aux propriétés des expressions numériques de certaines grandeurs qu'à différentes configurations astrales. Les défenseurs des nombres complexes sont sans s'en douter complices de ces théories absurdes dont on ne peut se débarrasser sans invoquer les lumières de la vraie science ; on ne peut en avoir raison, sans adopter la rigueur, la simplicité, la précision des mesures que l'on appelait révolutionnaires en 1793, mais qui n'avaient reçu cette appellation que parce que la métrologie avait subi une effroyable décadence, et parce que les souvenirs d'un état rationnel avait péri sans retour.

VI

Le pied de Charlemagne.

Si Charlemagne voulait rétablir l'empire des Césars ce n'était pas pour se donner la stérile satisfaction de placer une couronne fermée sur sa tête; c'était pour réparer les désordres de l'invasion et pour rétablir les habitudes sages, régulières, de l'administration romaine. Il ne pouvait mieux faire que de s'inspirer des traditions de l'empire de Byzance. C'est donc de la nouvelle Rome qu'il fit venir, paraît-il, les étalons de ses poids et de ses mesures linéaires. On possède encore au Conservatoire des arts et métiers la pile de poids qui lui fut envoyée d'Orient et qui fut partagée en cinquante fractions qui reçurent le nom de marcs. A l'aide des marcs il forma l'once, douze onces formèrent sa livre.

Quant au pied il paraît que Charlemagne fut embarrassé parce qu'il savait que la longueur en usage à Rome différait de celle qui était usitée à Byzance. Dans le doute il aurait simplement eu recours à son cordonnier, et la longueur linéaire de son soulier aurait été partagée en douze pouces, de même que la livre avait été partagée en douze onces. Il paraît peu probable que l'élève d'Alcuin ait eu des caprices pareils.

Un métrologue contemporain met en avant une hypothèse encore plus ridicule : Charlemagne aurait eu l'idée de perpétuer le souvenir du pied de sa mère, la reine Berthe, célèbre par la longueur de ses extrémités inférieures. Peu de femmes de nos jours lui envieraient cette gloire, et la piété filiale du grand empereur aurait choisi, il faut l'avouer, un moyen étrange de manifester son énergie. A ce compte le khalife Al-Mamoun aurait été plus raisonnable avec l'avant-bras de son esclave noir.

A peine Charlemagne était-il mort, que la guerre civile et la guerre étrangère ravagèrent toutes les parties de son empire. Les invasions des Normands portant la perturbation firent rétrograder la civilisation. Les poids et les mesures retombèrent fatalement à l'état sauvage.

Henry Ier de la dynastie des Capétiens, trouva commode de profiter du désordre des unités légales pour décider que la livre n'aurait plus que huit onces. C'était un moyen d'augmenter les impôts qui consistaient, paraît-il, en une taxe sur chaque quintal de froment.

Philippe le Long qui arriva au trône avec des idées d'ordre comprit la nécessité de reprendre la tradition Karoline. Il décida que la livre aurait de nouveau douze onces. Mais ce qu'une heureuse inspiration d'un roi avait établi fut détruit par un caprice du despotisme. Jean II, ce monarque fatal qui alla promener sa majesté prisonnière dans les rues de Londres, crut augmenter ses ressources budgétaires en déclarant que la livre aurait dorénavant seize onces. Cette augmentation du nombre d'onces comme la diminution décrétée par le roi Henry n'avait d'autre raison qu'un accroissement d'impôt. La livre devenait plus lourde, parce que le mode de perception avait changé. Jean II faisait payer les impôts en nature et il croyait habile de demander le même nombre de livres de froment que son prédécesseur. Quoiqu'il en soit ce fut la réforme de ce prince qui triompha. Jusqu'à la Révolution française la livre fut partagée en seize onces sans que personne, pour ainsi dire, s'inquiétât de la raison d'une division pareille. La division en huit onces fut cependant conservée sous le nom de marc, et cinquante de ces marcs ou quatre cents onces furent considérés comme équivalant à la fameuse pile de poids de Charlemagne.

On prit à plusieurs reprises quelques précautions pour assurer la conservation des anciens poids et des anciennes mesures, mais ces mesures n'étaient que puériles comme on va le voir.

En 1666, époque de la fondation de l'Académie et de l'Observatoire, on avait établi, au grand Châtelet de Paris, un étalon en fer de la toise. C'était une barre qui était exposée à toutes les intempéries du temps et dans laquelle on ne pouvait avoir aucune confiance. Heureusement les architectes de nos rois avaient eu l'idée de construire quelques monuments avec des dimensions qui permissent à une époque éloignée de servir de témoins aux mesures. Lorsqu'un siècle plus tard on voulut comparer l'étalon officiel à l'ouverture des portes du vieux Louvre, qui avaient précisément deux toises de largeur on trouva que la porte s'était élargie d'une quantité notable, il fallait admettre que le fer du Châtelet s'était rétréci d'une quantité correspondante. Cent ans avaient suffi pour que la modification fut apparente.

VII

Les poids et mesures en Angleterre.

L'origine des poids auxquels nos voisins ont
la faiblesse de tenir si fort n'est pas moins obs-
cure que celle des unités complexes dont la
Révolution nous a débarrassé d'une façon définitive. Il paraît que la première tentative de
réforme des poids et mesures, au moins la
première qui laissa des traces, fut exécutée
sous Henry III à l'époque du *Parlement* nommé
insensé, parce qu'il proposa une multitude de
mesures fort sages à une époque où il n'y avait
que des fous qui pussent songer à mettre de
l'ordre dans l'État. Le système adopté dans
ces temps tristes paraît avoir été très-simple,
640 grains de blé pris dans le milieu de l'épi
formaient l'once, douze onces formaient la
livre, et un poids de huit livres servait à retrouver le gallon. Rempli de vin, conformément à l'habitude romaine, le gallon devait
peser huit livres. Cette réforme dura jusqu'au
temps de Henry VII, qui en essaya une autre

2.

et qui déposa les étalons des longueurs et des poids dans la chambre de l'Échiquier, qui devait être chargée de veiller à leur conservation indéfinie ; mais cette chambre ne tarda point à se changer en véritable chambre ardente.

Du temps de la reine Anne on eut l'idée de procéder à une révision générale des poids et mesures, mais on trouva qu'un désordre inouï s'était introduit dans les étalons officiels. Nous demandons la permission d'insister sur un détail qui montre avec quel soin minutieux il faut veiller à la conservation d'un type unique pour que le cours des ans n'en modifie point la nature. On s'aperçut que le gallon dont on se servait à la douane avait 282 pouces cubes tandis que celui qui était conservé à l'Échiquier n'en avait que 231 ; on en découvrit même un autre à l'Hôtel-de-Ville de Londres, qui n'en contenait que 224. En faisant cette recherche les officiers royaux ne se préoccupaient en aucune façon du point de vue scientifique ou historique. Leur seul but était de démontrer qu'il était légal de percevoir les droits avec le gallon de 224 pouces cubes, tandis que les négociants réclamaient le droit de se servir du gallon de 282 qui appartenait aux douanes. L'opinion la plus avantageuse pour le Trésor finit par prévaloir; sans avoir besoin d'un acte du Parlement, la reine parvint ainsi à augmenter de vingt pour cent le rendement de l'impôt sur les liqueurs.

Ce sont, nous ne saurions trop le dire, des considérations de cette espèce qui ont presque toujours prévalu chez tous les *législateurs* qui ont modifié les étalons en usage, car il n'y a pas évidemment de moyen plus commode pour créer des décimes de guerre.

Liés à un système détestable dont toutes les parties sont incohérentes, les Anglais se condamnent par entêtement à un travail oiseux de réduction; mais par patriotisme mal entendu, ils préfèrent payer des commis supplémentaires, au lieu de déserter les unités nationales.

Des savants fort intelligents et fort sympathiques à la France, n'entendent pas raison sur ce point. Ils sont intraitables quand on leur parle d'abandonner la yard et la livre.

Où diable l'amour-propre national va-t-il se nicher, pourrait-on s'écrier, si l'on ne craignait d'être plagiaire de Molière.

Au moment où éclate la révolution française,

l'Angleterre semblait sur le point de nous devancer dans la réforme d'un système de poids et mesures. Si nous n'avions pris l'initiative, elle s'en fût probablement emparée. Son instinct commercial lui eut fait secouer le joug d'une routine qui trouble les transactions quotidiennes et porte même obstacle au progrès des sciences.

Mais, après avoir déploré l'aveuglement d'une nation qui, sur ce point particulier, semblait plus intelligente au moyen âge, du temps du Parlement insensé, que de nos jours, où le Parlement sage est devenu le modèle de toutes les assemblées délibérantes, reprenons le cours de notre histoire.

VIII

La loi de l'Assemblée constituante.

Lorsque Louis XVI, obéissant aux inspirations de Turgot, ordonna le dépôt d'une règle dont la dimension fût précisément égale à la toise de l'Académie, dans le greffe de tous les principaux baillages, le monarque avait en vue le bien de l'État, la régularité des transactions commerciales et l'établissement d'un système rationnel des poids et mesures.

Cette toise que Louis XVI destinait à l'honneur de servir d'étalon, avait déjà joué un grand rôle dans le monde scientifique. En effet La Condamine l'avait employée pour mesurer le degré de l'équateur, ce qui fait qu'elle est aussi bien connue sous le nom de toise du Pérou que sous celui de toise de l'Académie des sciences, à laquelle elle fut remise en 1774 à la suite d'un legs de ce spirituel et intrépide voyageur. C'est de cette toise que le mètre est sorti, comme nous le verrons plus tard. Il serait donc à désirer qu'elle fût conservée également dans les archives au même titre que le mètre lui-même. Turgot resta trop peu de temps au ministère pour que la réforme qu'il méditait lui survécût. Elle sembla étouffée pendant plus de dix ans, mais le prince de Talleyrand la reproduisit devant l'Assemblée nationale en 1790.

La motion du célèbre évêque d'Autun fut publiée sous forme de brochure à l'imprimerie nationale. Quelques jours après l'apparition de ce pamphlet qui produisit un effet immense, elle fut adoptée par l'Assemblée sans opposition.

Ce décret mémorable fut rendu dans la séance du 8 mai, avec un élan auquel s'associèrent tous les partis.

L'Assemblée décidait en outre qu'un appel serait adressé au roi d'Angleterre pour que l'Académie des sciences et la Société royale fussent chargées collectivement de travailler à la détermination d'unités nouvelles communes aux deux nations.

Cette proposition semblait d'autant plus naturelle que la Chambre des communes avait pris l'avance. Elle avait devancé la volonté de notre Assemblée constituante et décidé, sur la proposition d'un député nommé Miller, qu'un nouveau système de poids et mesures serait adopté pour tout le royaume.

On put croire un instant que la République des États-Unis d'Amérique se rendrait à l'appel d'une nation à laquelle elle devait son indépendante, car Jefferson avait donné un avis favorable à la nouvelle réforme, mais la routine ne tarda point à reprendre son empire sur la République qui devait tant à la France. La tentative de Jefferson ne fut qu'un témoignage isolé, fort honorable pour cet homme d'État, mais nul et sans valeur pratique.

Le grand patriote n'entraîna pas ses concitoyens, qui continuèrent à garder les mesures anglaises, ne répudiant que la livre sterling laquelle fut remplacée par le dollar avec beaucoup d'avantage.

Aussitôt que le décret lui fut communiqué, l'Académie des sciences choisit dans son sein une commission dans laquelle elle fit entrer tous les hommes les plus aptes à résoudre la question d'une façon décisive. On y comptait le célèbre Borda, ce savant si modeste, si laborieux que l'on pourrait citer comme le parfait modèle des vertus républicaines ; l'incomparable Lagrange qui nous avait été longtemps disputé par la Prusse, mais que la France devait dorénavant posséder sans partage ; Laplace, l'auteur de la *Mécanique céleste ;* Monge dont le génie avait déjà créé les éléments de la géométrie descriptive ; enfin Condorcet le plus illustre de tous. Condorcet alors dans tout l'éclat de sa gloire était le secrétaire perpétuel de l'illustre compagnie depuis la démission de Granjean de Fouchy.

Le rapport de cette commission fut accepté par l'Assemblée constituante, qui ne pouvait que s'incliner devant une réunion d'autorités si imposantes. C'est donc à l'Académie des sciences que reviennent à la fois la responsabilité et le mérite des décisions qui ont été prises et qui ont fixé l'avenir du mètre d'une façon définitive. Nous devons faire un pas en arrière pour comprendre le parti auquel cette illustre Assemblée a du s'arrêter dans cette grave affaire, car la résolution qu'elle a prise ne paraît pas au premier abord la plus logique et elle a été l'objet de critiques dont il ne faut se dissimuler ni la portée ni la valeur.

IX

La liaison des unités métriques.

Dès 1668, Picard avait fait remarquer que si
l'on trouvait la longueur d'un pendule à secondes exprimée suivant la longueur usuelle
des unités de chaque pays, on aurait par ce
moyen la proportion des différences avec une
exactitude aussi grande que si on mesurait les
longueurs elles-mêmes, mais on donnerait de
plus le moyen de retrouver ces lignes dans
les siècles futurs.

Puis, outre ces unités particulières, disait l'illustre astronome, on pourrait convenir d'en
adopter une pour tous les peuples, et celle-la,
n'aurait d'autre origine que le ciel.

La longueur d'un pendule qui battrait la
seconde de temps moyen, 86,400 coups par jour
serait le rayon astronomique. Le tiers de ce
rayon astronomique serait le pied universel,
six pieds universels constitueraient la toise.

Cette idée avait séduit Buffon qui avait proposé comme unité nouvelle la longueur du pendule simple battant la seconde sous l'équateur. Elle avait également entraîné l'Assemblée constituante qui avait choisi celui qui la bat sous une latitude de 45°, parce que l'on peut croire que ce pendule pris au niveau de l'Océan possède une longueur égale à la moyenne de tous les pendules de la terre.

L'Académie des sciences reconnut unanimement l'avantage d'établir un nouveau système de poids et mesures universel, mais elle ne pensa pas qu'il fut nécessaire d'avoir recours aux oscillations pendulaires, quoique ce procédé fût éminemment pratique et simple.

Sa commission proposa de déduire la longueur du mètre des dimensions de la terre, déterminée directement. En conseillant de modifier ainsi le plan primitif, les savants se laissaient en quelque sorte guider par des conditions d'intérêt de gloire personnelle, par le désir de coopérer à de grandioses opérations qui immortaliseraient tous ceux qui y prendraient part. Mesurer la circonférence de la terre, comme l'avaient fait les anciens, ce n'était pas seulement fonder le système métrique, c'était inaugurer le règne de la géodésie française. C'était en outre, comme nous l'avons vu, se conformer à une tradition respectable puisque les anciens Egyptiens avaient fait dépendre leurs unités d'une opération· analogue exécutée à une époque inconnue.

Quoiqu'il en soit, un des plus admirables spectacles de la Révolution fut sans contredit le zèle avec lequel les vrais fondateurs de la première République se sont toujours occupés de terminer le grand travail dont l'Académie avait accepté sans hésitation la responsabilité à un moment où le courage était une·qualité véritablement si nécessaire.

Dans un pareil temps, au milieu d'une crise aussi épouvantable, ces préoccupations pouvaient, sans flatterie, être considérées comme sublimes. Elles peignent admirablement une époque d'élan, de sacrifices, pendant laquelle le génie était à l'ordre du jour. Suivant l'expression d'un contemporain, elles font songer à Archimède au milieu du siége de Syracuse.

L'indifférence ou l'hostilité des savants de la génération suivante est le meilleur éloge que l'on puisse faire de ces hommes illustres, dont la prévoyance n'a négligé aucun détail.

Non-seulement le mètre a été fixé par eux,

mais les unités accessoires, tels que le kilogramme et le franc, en ont été tirées de la façon la plus heureuse, la plus claire, la plus précise. C'est la première fois que les monnaies sont ainsi rattachées d'une façon inébranlable aux unités mères.

Aussi faut-il repousser avec dédain les critiques perfides de certains spéculateurs qui prônent l'étalon d'or et voudraient enlever à notre système monétaire l'avantage de pouvoir servir à remplacer les poids pour les pesées à la balance.

Le système métrique a le caractère des choses nécessaires, il s'impose progressivement à tous, et par conséquent les peuples qui en font la propagande n'ont besoin de faire aucune concession. Tant pis pour les peuples qui ne se conforment pas à la voix de la raison sanctionnée par l'assentiment de la majorité du genre humain civilisé. Si l'on nous demande des réformes, nous avons le droit de répondre : *Non possumus*.

X

La naissance de la géodésie française.

Au milieu du seizième siècle vivait à Paris un médecin illustre que des enthousiastes ont comparé à Gallien et qui se nommait Fernel. Fernel ayant guéri Diane de Poitiers, Henry II résolut de l'attacher à sa personne, et le mena au siége de Calais qui fut pris sur les Anglais par le duc de Guise. Fernel éprouva dans cette campagne des privations qui déterminèrent sa mort à l'âge de 58 ans. Mais dans les derniers temps de sa vie il avait jeté les bases d'une grande entreprise en l'exécutant d'une façon simple, naïve, grossière, mais pratique.

Il s'était donné le problème de déterminer directement la distance de Paris à Amiens, et il y était parvenu en comptant le nombre de tours de roue de sa voiture, à la grande stupéfaction de tous les passants qui le considéraient comme frappé de folie et de vertige. Sachant que l'arc céleste compris entre Paris et Amiens, pagnie envoya des commissaires mesurer des degrés au Pérou et en Laponie, sous l'équateur et sous le cercle polaire. Si Cassini II et Lahire s'étaient trompés, Cassini III et Lacaille rectifiaient l'erreur, Maupertuis et Lacondamine, deux des somnités de la science française, portaient la gloire de l'Académie, l'un, sous les feux du soleil tropical, l'autre au milieu des glaces du pôle.

Ces grandes expériences s'exécutaient sous le règne de Louis XV, dont la grande Assemblée constituante de 1789 répudiait les hontes. Est-ce que le réveil de la France n'était point une occasion providentielle de reprendre de si grands travaux ? Est-ce qu'il n'était pas patriotique de renouer l'œuvre tant de fois interrompue, avec une ardeur digne des temps nouveaux au devant desquels la nation se précipitait avec un si brûlant enthousiasme ? Compter les oscillations d'un pendule ne pouvait suffire à l'ambition de l'Académie au milieu de cette fièvre universelle. Les savants français devaient trouver le moyen d'étonner le monde.

On a raison bien des fois de reprocher à l'esprit académique la recherche de questions, que l'on peut, sous certain point de vue, considérer comme oiseuses. Il est clair qu'il y a quelque chose, après tout, de chimérique dans l'exactitude que l'on poursuit dans la détermination du mètre. En trois mois on aurait obtenu la nouvelle base si l'on avait suivi le procédé indiqué par Picard ; mais quel respect aurait imposé une détermination improvisée ? Le système a été précisément sauvé par la multitude des travaux auxquels il a donné naissance. Il a échappé, grâce surtout à la majesté de la science employée à déterminer sa base.

Si la fabrication du mètre est devenue une entreprise nationale, c'est précisément à cause des difficultés que l'on a dû vaincre pour parvenir à déterminer sa longueur.

La cause du système a bénéficié de vains scrupules et de la recherche d'une exactitude inaccessible. Lors de l'adoption de la Constitution de l'an III, le succès des opérations géodésiques préoccupait l'opinion aussi vivement que le sort des armées de la République.

A cette époque le législateur s'était fortement préoccupé des moyens de donner à la science une part légitime dans le gouvernement de la nation et l'Institut devait réglementairement être consulté pour toutes les lois d'intérêt véritablement général. Réserver aux savants constitués à l'état de corporation une action politique était une de ces idées grandioses qui méritent de ne point périr. On peut dire que c'est par un effort de génie que la Convention nationale s'éleva à la hauteur d'une conception aussi belle. Mais l'histoire montra bien que c'est en grande partie au système métrique qu'il faut rendre honneur d'une si honorable tentative.

La république directoriale ne mit pas une seule fois en pratique, si ce n'est à l'occasion du mètre, les dispositions d'une loi fondamentale qui devait être antipathique aux principes du gouvernement suivant. En effet, si Napoléon chercha constamment à se servir de l'Institut pour rehausser l'éclat de son trône, ce fut en lui faisant jouer un rôle secondaire et subordonné dans les cérémonies publiques. A peine s'il daignait l'admettre de temps en temps à l'honneur de lui rendre compte des progrès des sciences. Il ne fit aucun acte de nature à augmenter l'influence des savants et de la science.

La détermination du mètre est donc encore

aujourd'hui même un exemple unique dans l'histoire de notre patrie, et peut-être dans celle du monde. L'établissement du système de poids et mesures est le seul exemple d'un gouvernement donnant à des savants la haute main dans une grande entreprise nationale. N'est-ce pas cependant ainsi que devront procéder des nations futures quand elles voudront mettre un terme aux hésitations de l'esprit de parti, de la passion politique?

Elles trouveraient sans doute quelque moyen moins imparfait pour procéder à la nomination de leur sénat scientifique, mais elles n'auront jamais une idée plus noble et plus digne du rôle que la science vraie doit jouer dans les institutions nationales.

La France a été successivement imitée par tous les peuples civilisés. Il n'y en a pas un seul qui n'ait senti le besoin de contribuer par des mesures directes à la connaissance de la forme de la terre. De nouveaux procédés seront employés, des progrès imprévus seront réalisés ; mais quoique devenant une science universelle, dans laquelle des rivaux nous disputent le premier rang, la géodésie n'en est pas moins encore une des gloires de la France.

Un des premiers soins de M. Thiers, après la Commune, fut, comme nous le verrons, de donner à des officiers d'état-major français les moyens de reprendre une nouvelle fois les travaux de la triangulation de la France, et de vérifier les mesures prises pendant l'époque révolutionnaire. Nous sommes rentrés sous ce point de vue dans la tradition nationale, mais ce succès ne saurait suffir à notre ambition patriotique.

Quand viendra le jour où nous nous rappellerons le bel exemple que nous avons donné au monde moderne en donnant un rôle si éminent dans notre Constitution républicaine aux représentants de l'Académie des sciences !

XI

L'ancienne commission du mètre.

Malgré la crise que nous avions à traverser en 1792 l'appel de l'Académie fut entendu, la France républicaine ne resta pas seule en face d'une tâche aussi difficile qu'honorable. La commission du mètre vit successivement arriver dans son sein les représentants de la république Batave, de la république Cisalpine, de la république Ligurienne, de la république Romaine. Toutes les républiques que le triomphe de nos armées semait autour de la république mère s'empressaient de montrer leur reconnaissance. Elles chargeaient leurs plus savants citoyens de travailler à l'œuvre si éminemment républicaine que l'incomparable Constituante avait inaugurée, et que la Convention nationale poursuivait du milieu de tant d'orages.

Quatre gouvernements monarchiques n'avaient pu prendre part à la quarantaine à laquelle le groupe des républiques avait été sou-

mis par les grandes nations royalistes. Des
députés avaient été envoyés par le grand Du-
ché de Toscane, le Piémont, le royaume de
Danemark et le royaume d'Espagne. Sauf le
royaume de Naples toutes les nations latines se
trouvaient donc représentées dans la première
commission du mètre. Le royaume d'Espagne,
quoique déjà arrivé aux dernières limites de
la décadence, comprenait les vice-royautés du
Mexique, du Pérou et l'Est, plus de la moitié
du nouveau continent.

Les mesures prises par les anciens astronomes et par Érathosthènes qui avait répété leurs
opérations, étaient relatives à la vallée du Nil.
Posidonius qui avait continué ces travaux jusqu'à l'île de Rhodes avait opéré sur mer. Le
calife Al-Mamoun avait fait exécuter ses mesures
dans les plaines de la Mésopotamie. Fernel
et Picard n'étaient point sorti du bassin de
Paris. Comment faire abstraction de ces mas-
sifs Pyrénéens qui s'élèvent à une hauteur de
plus de deux mille mètres au-dessus du niveau
de la mer. Méchain proposa de continuer la
chaîne des triangles de l'autre côté des mon-
tagnes. A l'aide de ce subterfuge on pouvait
espérer que les erreurs commises au nord des

Pyrénées se trouveraient compensées par des erreurs inverses tenant aux mêmes causes naturelles et inévitables au sud de la chaîne.

Une autre source d'inexactitudes dont on n'avait point encore tenu compte se présentait aux commissaires. Les progrès de la physique avaient montré que la longueur des corps n'est point invariable comme on le croyait avant de s'être rendu compte des effets de la chaleur, de cette force puissante modifiant sans cesse l'intervalle de leurs molécules consécutives. Il est facile de comprendre que ces changements ne pouvaient être délaissés si l'on voulait obtenir une exactitude supérieure à celles des opérations exécutées jusqu'à ce jour. Car ils ne tombent point au-dessous des quantités qui échappent à nos sens. Il suffit d'une variation de quelques degrés de chaleur pour qu'une toise de platine comme celle qui servait à mesurer la base, variât de quelques millionièmes ; or comme la base mesurée par superposition sert à calculer une longue chaîne de triangles reposant les uns sur les autres à mesure qu'ils s'éloignent du point de départ, les erreurs primitives se multiplient fatalement d'une façon désespérante.

Il est donc impossible d'espérer une grande exactitude, si on néglige d'avoir comme point de départ une longueur irréprochable. Tout ce luxe de calculs, de mesures d'angles, de formules analytiques devient donc inutile, absurde même, si on ne commence par écarter l'influence d'un élément dont les effets sont irrésistibles. Il faut connaître la longueur vraie que l'on trouverait avec une règle invariable portée bout à bout sur les poutres soigneusement équarries et mises de niveau qu'on a placée le long de la base. Ce résultat ne peut être obtenu si on néglige de tenir compte des variations de longueur produites par la température.

L'immortel Borda donna un procédé pour étudier les changements du platine. Laplace et Lavoisier furent chargés de l'appliquer et de déterminer à son aide la dilatation de la matière employée dans la construction des règles mêmes dont on devait se servir pour la mesure directe des bases.

Ils opérèrent dans la maison que Lavoisier occupait sur le boulevard de la nouvelle Madeleine, quartier alors à peu près désert. L'hôtel de Lavoisier avait un grand jardin dans lequel on fit construire des fourneaux d'une construction toute spéciale et des bornes en fer qui furent employées après la mort de l'illustre victime des Terroristes, à des expériences de vérification. Ces expériences furent faites en effet par Dulong et Petit qui, une trentaine d'années plus tard, et à l'aide d'un procédé différent, trouvèrent des résultats à peu près pareils.

Ils fallait se préoccuper avec un soin non moins scrupuleux de la mesure des angles. Car la détermination de ces quantités doit être faite avec une rigueur correspondante digne de ces grands efforts.

On savait déjà se servir des cercles répétiteurs inventés par Borda, mais les instruments n'ayant pas une dimension suffisante il fallut en construire d'autres, ce qui ne pouvait avoir lieu sans de nouveaux progrès dans l'art de l'ouvrier de précision. Lenoir, habile artiste chargé déjà de fabrication des règles de platine destinées à la mesure de la base, reçut cette mission en partage.

Les sommets des triangles que l'on devait mesurer pour déterminer la longueur de la méridienne devaient être occupés par des fanaux visibles à grande distance, sans cela les triangles auraient été trop petits, trop nombreux, et les

erreurs se fussent accumulées d'une façon ef-
frayante. C'est encore Lenoir à qui l'Académie
eut recours.

L'art de préparer les surfaces réfléchissantes
n'était point connu, quoique l'on connût déjà
les propriétés des paraboloïdes de révolution.
Les recherches techniques auxquelles les signaux à grande portée donnèrent lieu, furent
utiles à la construction des phares à réflexion
qui devaient bientôt être remplacés par les
phares à réfraction. On préparait ainsi de nouveaux et prochains triomphes à la physique française, et l'on peut dire sans exagération que les
travaux de Fresnel sont directement issus de
ceux de la commission du mètre.

Car la rigueur superflue au point de vue pratique, le seul dont se préoccupe le vulgaire, n'est
jamais inutile au progrès des sciences. L'exactitude idéale avec laquelle certaines détermina-
tions ont été prises a exercé, comme on le voit
par cet exemple, une heureuse influence sur les
développements d'une grande industrie nationale.

Quoique l'Académie des sciences ait repoussé
l'idée de déterminer le mètre à l'aide du pendule, elle n'avait point tout à fait rejeté la pre-

mière partie du projet de Picard. Elle avait admis dans son programme la détermination du rapport de l'unité nouvelle avec le pendule battant la seconde. En liant ainsi ces deux quantités on pouvait espérer donner au nouveau système une durée supérieure à celle des Pyramides elles-mêmes. Pour que le mètre ne put être retrouvé facilement il faudrait supposer une nouvelle période de barbarie si grande qu'on perdit la mémoire de ce rapport même. On chargea encore Lenoir de procéder à la fabrication des règles de platine nécessaires à l'exécution des vibrations pendulaires.

La détermination exacte des longueurs offre à la vue simple de grandes difficultés. On les avait atténuées depuis longtemps par l'usage des loupes et des Verniers, mais ces outils ne suffisaient point pour le degré d'exactitude qu'on se flattait d'obtenir. Borda imagine un instrument très-simple que le constructeur de la Commission exécute encore, et qui repose sur une ingénieuse combinaison de leviers. Cet appareil dont on se sert dans toutes les recherches de précision porte le nom de comparateur. Il serait trop long d'énumérer tous les perfectionnements des arts mécaniques qui ont la même origine, mais ce que nous en avons dit suffit pour montrer combien il fut propre à favoriser l'extrême développement que prirent depuis cette époque les industries savantes, surtout dans notre belle France, dont la rivalité jalouse des opticiens allemands n'est pas parvenue à effacer la gloire.

On voyait à Rome, du temps des Césars, une statue dont on ignorait l'origine. Cette statue étendait le bras, la main était fermée sauf le doigt indicateur. Il y avait sur le socle une inscription en caractères presque effacés par le temps et qui disait : « *Cherche ce que je montre.* » Personne ne comprenait le sens de cette énigme, mais un citoyen eut l'idée de creuser au pied de la statue juste à l'endroit où tombait l'ombre à l'heure de midi, et il trouva à une faible profondeur qu'on y avait enfoui d'immenses trésors.

Nous prendrons la liberté de comparer le système métrique des poids et mesures à cette statue. En effet, nul ne peut deviner à l'avance l'étendue des biens qui résulteront des travaux auxquels son établissement a donné naissance.

XII

La mesure de la méridienne.

Les grands préparatifs que nous venons de
décrire n'absorbèrent pas moins de quinze
longs mois, pendant lesquels les événements se
succédèrent avec une rapidité vertigineuse. Ils
sont trop connus pour qu'il ne soit pas superflu d'en donner même le résumé sommaire,
nous rappellerons seulement, ce qui est indispensable pour l'intelligence de notre travail,
que l'Assemblée législative n'avait pu continuer l'œuvre si bien commmencée par l'Assemblée constituante, et que le mètre avait
été inachevé aussi bien que l'État lui-même.

Les grands événements politiques dans lesquels sombrait l'antique monarchie française,
paralysaient forcément une entreprise dans laquelle il faut un grand calme d'esprit, des ressources matérielles considérables, et le concours d'un nombre considérable d'agents sérieux
subordonnés et dociles.

C'est seulement à la fin de juin 1792, que Delambre et Méchain désignés pour la mesure de la méridienne purent se mettre à l'œuvre.

On partagea les travaux en deux sections, la première s'étendait depuis Dunkerque jusqu'à Rodez. C'était de beaucoup la plus longue, mais elle ne comprenait aucune partie inconnue, tandis que la seconde était inexplorée de Perpignan à Monjou. Sur ce prolongement il n'y avait pas seulement les anciens triangles à vérifier, mais on devait établir des stations nouvelles. Méchain qui avait accepté cette tâche difficile, partit le 25 juin 1792, c'était le lendemain du jour où une proclamation du roi avait mis les signaux, les échafauds, les réverbères sous la protection des autorités administratives; malheureusement cet acte honorable d'un pouvoir expirant ne pouvait que compromettre les membres de la Commission du mètre, et les rendre suspects aux populations affolées qui couvraient la France de clubs et d'échafauds.

Dès la troisième poste, Méchain fut arrêté par le peuple qui, poussé par de stupides démagogues de village, ne voyait en lui qu'un agent contre-révolutionnaire. Les officiers municipaux alors sans crédit sur leurs administrés, eurent toutes les peines du monde à obtenir que ce savant, si dévoué à la patrie et à la Révolution, qu'il servait si noblement, put continuer sa route. Quand il fut arrivé dans le Midi, au milieu de populations si impressionnables, sa position devint encore plus terrible ; la présence de deux commissaires espagnols excita si vivement les soupçons des habitants de la frontière, qu'il se vit obligé de passer les Pyrénées sans achever le travail de la partie française.

De son côté Delambre, qui se proposait autant que possible de vérifier les mesures précédemment prises dans la portion nord trouva des difficultés inouies même avant de quitter les environs de Paris.

L'église de Montmartre qui avait servi, en 1740, aux opérations qu'il voulait vérifier, avait été transformée de telle manière que les observations y étaient devenues impossibles. La tour de Monthléry étant trop grosse pour servir de signal, Delambre dressa un mat, qu'un exalté des environs s'empressa de faire abattre. Lorsque quelques jours plus tard il voulut placer un signal sur les ruines du château de Monjol. ce fut bien pire encore.

Les habitants armés de fourches et de faulx vinrent contraindre le charpentier à arrêter son travail. A la Jonquières, les paysans se mirent en révolte ouverte, et il fut impossible de leur faire entendre raison. Le malheureux astronome fut obligé d'aller chercher des papiers nouveaux à Beauvais ; à peine si ces pièces suffisent pour calmer les craintes. Enfin la fermentation augmentant avec les événements du 18 août, Delambre finit par être arrêté à Saint-Martin-en-Tertre, et reconduit à Saint-Denis avec ses instruments, sous l'escorte de la garde nationale. C'est après avoir reçu de nouvelles lettres, de nouveaux décrets, et expliqué longuement l'usage de ses instruments à des ignorants qui ne savaient pas lire, qu'il est autorisé à reprendre ses travaux.

Il eut été perdu si chacun des auditeurs qui ne comprenaient pas un mot à ses explications, avait eu le courage de confesser son ignorance, mais il parla si longuement que chacun des sans-culottes qui l'entouraient aurait fait guillotiner l'aristocrate qui l'aurait accusé de ne point entendre ce que l'on venait de dire.

Pendant la durée de la Terreur, la Convention nationale avait montré le plus grand zèle pour la propagande du système métrique. Elle avait adopté sur la proposition du représentant Romme un nouveau calendrier dont la Constituante ne pouvait avoir eu l'idée. Nous ne pourrions, sans étendre démesurément le but de cet ouvrage, examiner en ce moment le caractère et la légitimité de cette modification importante. Nous devons toutefois faire remarquer que le plus grave reproche que l'on fit au calendrier révolutionnaire fut d'être associé aux fêtes de la Raison. Cependant les prêtres de cette divinité traitèrent ses auteurs avec un mépris singulier. Rarement les savants furent plus inhumainement persécutés que pendant le règne de ces sectaires. Aussitôt qu'ils furent maîtres du pouvoir ils destituèrent tous les membres de la Commission du mètre, qui étaient capables d'exécuter les instructions de l'Académie des sciences. Ils mirent à leur place des hommes qui pouvaient être d'excellents révolutionnaires au point de vue de l'école terroriste, mais qui étaient certainement de détestables calculateurs. Les proconsuls qui procédaient aux solennités dans lesquelles la raison recevait un grossier encens, entravaient en même temps l'exécution des plus grandioses opérations que jamais la nouvelle divinité ait pu concevoir sur la terre. Le mètre fut compromis par le triomphe de ces odieux et grossiers personnages sans doute afin de montrer que leurs excès n'ont rien de commun avec les principes qui règlent son usage.

Aussitôt que cette crise fut terminée, le premier soin des vrais républicains fut d'accélérer les travaux nécessaires à l'adoption définitive du système métrique. La loi qui sauve l'opération est adoptée par la Convention nationale dans la mémorable séance du 18 germinal an III. Prieur de la Côte-d'Or, ancien membre du Comité de salut public enlève les votes d'enthousiasme en exposant avec une énergie patriotique toutes les raisons qui doivent engager la Convention à persévérer dans son œuvre.

Après avoir rappelé les tentatives dont la réforme des poids et mesures a été l'objet à différentes époques, il s'écrie : « Toutes ces tentatives sont demeurées sans effet, soit que l'esprit des peuples soutenu par l'ignorance des temps repoussait cette innovation, soit que les agents de ces gouvernements s'y soient mal pris, ou plutôt que la corruption ait agi sur eux par l'influence des hommes puissants qui prétendaient conserver leur domination féodale ou de quelques fripons qui voulaient défendre leurs bénéfices illicites. Ainsi dans ces derniers temps lorsque l'Assemblée constituante rendait hommage à la morale publique en décrétant la réforme des poids et mesures, on a vu la même réforme étouffée en Angleterre quoiqu'elle eut été présentée avec toutes les raisons propres à en faire valoir les avantages. Cette circonstance prouve encore combien les Français au commencement de leur révolution avaient trop présumé de leur union avec un peuple dont le caractère a été dénaturé par un gouvernement inique. » Quel que violente que puisse être considérée cette sortie, on est obligé de reconnaître qu'elle est justifiée.

En effet, malgré d'honorables protestations auxquelles nous avons déjà rendu hommage, on peut dire que le gouvernement anglais n'a jamais laissé échapper une occasion pour manifester des antipathies inexplicables de la part d'hommes chargés de faire les affaires de la nation la plus commerçante du monde !

Quoique Prieur de la Côte-d'Or ne fût qu'un avocat et n'affichât aucune prétention scientifique, son intervention dans la détermination

du mètre fut excessivement opportune. Il est
possible que cette grande entreprise eût avorté,
si, sans tenir compte des nécessités politiques
dont il est impossible de faire abstraction dans
une entreprise de cette nature, on avait laissé
la commission scientifique abandonnée à elle-
même.

On doit donc reconnaître qu'au moment où
la République, après avoir châtié les terroristes,
reprenait possession d'elle-même, la situation
du système nouveau des poids et mesures était
devenue excessivement critique. En effet, par
amour de la science poussé au delà des limites
du possible, certains commissaires ne voulaient
voir sortir de leurs mains qu'une œuvre parfaite. Ils ne s'apercevaient pas qu'ils justi-
fiaient par ces délais les reproches que Marat
avait jetés à leur tête dans son mordant pamphlet des *charlatans académiques*. Le public,
habitué à voir improviser de grandes choses,
demandait impérieusement un résultat. Il fallait
une unité quelconque qui permît de se passer
de la toise, et d'inaugurer ces mesures républicaines dont il était question depuis si longtemps
et que personne ne voyait venir. Le sort d'une
des plus grandes réformes entreprises par la

Révolution ne pouvait dépendre que de quelques mesures d'angle.

On décréta donc le mètre comme l'on avait décrété la victoire.

Il fut décidé que dans un délai de dix jours, la commission procéderait à la fabrication d'une règle en cuivre qui servirait d'étalon jusqu'à l'adoption des mesures définitives.

Cet acte hardi inspiré par le genre pratique sauva le système ; dans les dix jours la commission ainsi violentée accoucha d'une règle en platine.

Ce morceau de métal, qui pendant deux ou trois ans satisfit à l'impatience générale, est connu sous le nom de mètre provisoire. Il existe encore un exemplaire authentique de cette unité transitoire ; il a été déposé dans les galeries du Conservatoire. Ce mètre improvisé est un peu plus court que le mètre vrai, car il faut en prendre trois mille et un pour faire une longueur de trois kilomètres. Dans la pratique, la différence peut être considérée comme insignifiante. Il avait été tiré des anciennes mesures de 1718 et de 1736 modifiées sommairement à l'aide des observations préliminaires.

La méridienne de Dunkerque à Montjouy

traverse une chaîne de 113 triangles tracés à la surface de la terre, dans les conditions les plus multiples. Les uns sont placés dans des plaines, les autres franchissent la chaîne des Pyrénées ; les uns ont une forme à peu près régulière, les autres offrent les plus grandes variétés d'inclinaison et leurs côtes ont également les longueurs les plus variables. Les sommets d'observation ne sont pas tous également stables, ni tous également accessibles. Quelque opinion que l'on ait de la sûreté du coup d'œil des observateurs, de l'habileté des calculateurs auxquels on a soumis chaque triangle individuellement puisqu'on observe directement tous les angles, on ne peut concevoir une confiance illimitée dans l'exactitude du résultat final. Il est impossible d'oublier que les erreurs se multiplient à mesure que l'on ajoute des triangles à de nouveaux triangles, que la seule mesure directe dont l'on fait parti pour déterminer la longueur exacte de l'arc de 10 degrés, est un arc de huit minutes. c'est-à-dire quatre-vingt fois plus court. Il est donc possible d'admettre des erreurs tellement grossières, qu'elles donneraient une bien mauvaise idée de la science contemporaine. Avant de décréter le mètre définitif, il est donc sage de se procurer à tout prix un témoignage en sa faveur. Le moins que l'on puisse faire, c'est de déterminer par le calcul la longueur vraie de la ligne qui doit réunir deux points fixés près de l'extrémité de la méridienne, et de procéder ensuite à la mesure de cette distance.

L'histoire de l'Académie des sciences obligeait d'agir avec grande circonspection, en pareille matière, car elle prouvait qu'une précaution analogue n'avait même point été suffisante.

En 1718, on avait eu la même pensée, le même scrupule. Lahire et Cassini avaient mesuré deux bases, une située près de Perpignan, et l'autre près de Dunkerque, toutes deux déduites de la base mesurée près de Paris. La vérification ne donna qu'une erreur d'une toise pour la base de Dunkerque, et de trois pour la base de Perpignan. On opéra au printemps, c'est-à-dire à une époque de l'année où la température que l'on évalue du reste avec soin, n'offre point de variations rapides ; le travail ne dura pas moins de 51 jours, quoiqu'il fut exécuté avec une activité qu'il est facile de comprendre. Sur une distance qui était de plus de 500,000 toises, on trouva la différence négligeable. On se crut autorisé à déclarer que

Newton avait tort, que les degrés de l'équateur étaient plus grands que ceux du pôle et par conséquent la terre est renflée vers les pôles, au lieu d'être comprimée de manière à offrir un bourrelet vers l'équateur. Mais la comparaison des résultats obtenus à l'équateur et au pôle où des degrés furent directement mesurés, ne tarda point à montrer que l'on s'était cependant trop hâté. Les grands travaux de la commission du mètre étaient-ils inattaquables, ou la nouvelle mesure allait-elle être ruinée sans retour? Qui eût, en effet, osé demander aux hommes de tous les siècles et de toutes les nations de l'accepter, si elle n'eut rempli les conditions légales de la vérification imposée à l'avance, si aux incertitudes inhérentes à la nature des choses étaient venues s'ajouter celles tenant au défaut de soin et d'habileté de la part des opérateurs, si les membres de la Commission du mètre étaient restés notoirement au-dessous de leur tâche. Mais le succès dépassa les espérances des opérateurs, la différence fut trente fois moindre, qu'elle ne l'avait été précédemment, on pouvait donc faire un pas de plus et s'occuper enfin de la détermination définitive.

Une fois les calculs rectifiés, terminés et

acceptés, la longueur de l'arc de méridien compris entre Dunkerque et Montjouy fut fixée à 271,000 toises du Pérou. Il ne restait plus qu'à comparer cet arc au méridien tout entier, ce qui ne peut se faire que par le concours de l'astronomie. Il fallait déterminer l'angle dont diminue la hauteur de l'étoile polaire, lorsqu'on descend de Dunkerque vers Montjouy. Des mesures très-précises prouvèrent qu'elle s'approche de l'horizon de $9°\ \frac{67}{100}$ quand on se déplace ainsi à la surface de la sphère. Si la terre était une sphère, tous les degrés seraient pareils, il suffirait de diviser ces 571,000 toises par 9,67 pour avoir la longueur d'un degré, et de multiplier par 90 ce nombre pour avoir la distance de l'équateur au pôle. Malheureusement les choses ne sont point aussi simples. Il y a un élément dont les astronomes qui maniaient la toise du Pérou, ne pouvaient négliger de tenir compte puisque cet instrument historique avait servi à constater son existence ; c'était, en effet, comme nous venons de le rappeler plus haut, la comparaison du degré du Pérou et du degré de Laponie qui avait obligé les savants de renoncer à l'idée fausse proposée à la suite des fausses mesures prises en 1718, et qui avait converti l'héritier de Cassini lui-même à l'aplatissement de la terre.

La valeur de cet élément est si difficile à déterminer d'une façon définitive que l'on pourrait presque dire que les astronomes de 1794 l'ont fait d'une façon arbitraire. Ils se sont décidés par suite de considérations astronomiques, dans le détail desquels il est trop long d'entrer, et supposèrent conformément à la théorie de M. de Laplace, que l'aplatissement vrai est de $\frac{1}{334}$. Ils introduisaient ainsi d'un seul coup une chance d'erreur beaucoup plus grande que toutes celles dont ils avaient pris tant de précaution pour se débarrasser. Peut-être serait-on plus embarrassé en 1874, car l'on a reconnu que la terre n'est pas un solide de révolution comme on le croyait en 1794. On a constaté avec surprise que chaque méridien possède en quelque sorte sa courbure particulière. En effet, l'équateur lui-même au lieu d'être un cercle parfait, comme on l'a si longtemps enseigné, ressemble à une sorte d'ellipse dont le grand axe dépasse le petit d'une longueur supérieure à celle des sommets les plus élevés des Alpes, inférieure à celle des parties les plus élevées des Pyrénées.

Le sommet de cette élongation répond à un point de l'océan Atlantique, situé trois fois plus près de la côte d'Afrique que de la côte américaine. Le point correspondant diamétralement opposé semble situé dans l'océan Pacifique.

La terre comprimée latéralement dans le sens perpendiculaire, possède peut-être des gibosités, des difformités locales dont il est impossible de déterminer la position géographique et la forme réelle. On peut même raisonnablement supposer que les deux hémisphères offrent à ce point de vue des différences immenses.

Pourquoi supposerait-on comme le capitaine anglais Clarke, qu'il faut prendre la moyenne de $\frac{1}{293,76}$, ou même comme le général prussien Schubert, que, suivant les méridiens, la compression doit varier entre $\frac{1}{292}$ et $\frac{1}{302}$? N'en arrivons-nous pas à reconnaître que nous sommes aussi embarrassés que des fourmis voulant se faire une idée de la figure d'un colosse et se figurant qu'elles y parviendraient à force de mesures de détail.

Quoiqu'il en soit, on supposa que l'aplatissement réel est de $\frac{1}{334}$. Après avoir fait cette hypothèse on fut conduit à conclure de la mesure de l'arc de Montjouy que la valeur du méridien total est de 5,130,740 toises du Pérou. Il en résulte que le mètre égale 0 toise 513.

C'est la valeur légale qu'il gardera aussi longtemps qu'il y aura des nations civilisées à la surface de la terre. Il nous reste à montrer combien la routine et l'ignorance ont lutté, pour empêcher son adoption d'être universelle, et pour arriver à le remplacer par une unité nouvelle. Établir le mètre était la partie la plus facile de la tâche.

XIII

Adoption définitive du système métrique.

Nous avons vu que les Romains et même les
Anglais avaient eu l'idée de rattacher leurs
unités les unes aux autres, afin que l'on pût,
comme nous l'avons indiqué, faire servir la
balance à la détermination des cubes, ou le
mètre à la détermination du poids des substances. Les savants républicains n'ont donc
fait qu'imiter leurs prédécesseurs en donnant
à une conception si simple toute l'importance
qu'elle mérite. Nous devons revenir cependant
avec quelques détails sur cette partie de leur
œuvre, car jamais les claires notions de la saine
physique n'ont été développées et suivies d'une
façon plus lumineuse.

Tout le monde connaît trop bien la manière
simple et exacte dont toutes les unités métriques se déduisent les unes des autres, pour qu'il
soit nécessaire de résumer cette partie du système métrique, qui, comme nous l'avons indi-

qué plus haut, en fait le principal mérite et sans
lequel il n'aurait pas sur tous les autres cette
supériorité écrasante. Le mètre seul était à dé-
finir. Il n'y avait que le mètre qui pût, nous
dirons même qui dût être pris dans la nature.
Cependant les opérations secondaires n'en devaient pas moins être exécutées avec une précision véritablement astronomique. Il fallait
qu'on ne put leur faire en réalité aucun reproche d'inexactitude. Elles constituaient donc une
partie essentielle du travail de la commission
de 1791.

On sait, en effet, que le kilogramme est le
poids d'un décimètre cube d'eau à la température de son maximum de densité, et pesé dans
le vide. Cette seconde série de mesures fut
confiée à Lefèvre Gineau, qui dut fixer le rapport du kilogramme avec les poids en usage.
La comparaison fut faite avec la pile de poids
de Charlemagne dont nous avons donné l'histoire. Lefèvre Gineau se servit de balances qui,
chargées d'un kilogramme dans chaque plateau,
trébuchaient à près d'un milligramme, ce qui,
pour l'époque, doit être considéré, comme donnant une précision très-grande.

Les pesées devaient être faites dans le vide

absolu, mais on ne put se procurer, comme il est à peine nécessaire de le dire, qu'un vide approché bien inférieur à celui que les physiciens de nos jours savent produire. En effet, la machine pneumatique à mercure n'était point encore inventée. On ne savait même pas disposer l'appareil comme M. Babinet l'a imaginé. Les chiffres définitifs ne furent donc obtenus qu'à l'aide de corrections d'une certaine importance, car il fallut supprimer par le calcul l'air que l'on n'avait pas su extraire.

En même temps qu'elle prenait des mesures pour compléter le système métrique, l'Académie se préoccupait également du soin de rattacher le mètre au pendule, partie essentielle de sa mission, comme nous l'avons vu également tout à l'heure.

On trouva que le pendule qui eût répondu aux conditions du décret primitif de la Constituante avait 94 centimètres. C'était pour ces 6 centimètres que ces grands travaux avaient eu lieu, avec une persévérance et un enthousiasme qui fait le plus grand honneur aux sciences. Il est moral, en effet, de voir combien les physiciens tiennent à des quantités dont l'importance peut être nulle au point de vue pratique, à moins cependant que cette manière de procéder ne dégénère en une aveugle et puérile affectation de rigueur.

Il est bon de remarquer comme moyen mnémonique que le mètre provisoire était la moyenne arithmétique entre le mètre définitif et le pendule battant la seconde.

Mais ces coïncidences ne sont pas les seules qu'il soit intéressant de constater. Si on prenait comme pendule le mètre lui-même, il ne ferait que 86,140 oscillations au lieu de 86,400 en vingt-quatre heures. En donnant à la tige la longueur du mètre, on lui ferait donc perdre 360 oscillations par jour, à peu près autant qu'il y a de jours dans l'année. Il en résulte qu'on peut dire que le mètre bat en un jour solaire moyen, presque autant d'oscillations qu'il y a de minutes dans le jour sidéral, qui, comme on le sait, est un peu plus court que l'autre à cause du mouvement propre du soleil, lequel est en sens inverse du mouvement de la sphère.

Il n'était pas non plus hors de propos de chercher le rapport que le mètre peut avoir avec certaines longueurs peu susceptibles de varier, si l'on admet une sorte de stabilité dans l'organisation humaine.

Silberman, un conservateur de la collection des poids et mesures du Conservatoire de Paris, a eu l'idée de prendre la moyenne de la taille d'un grand nombre de conscrits qui avaient passé sous la toise. Il a trouvé après des recherches très-minutieuses que la distance moyenne du sol au nombril est très-exactement d'un mètre, c'est-à-dire que la base de notre système se retrouve inscrite sur notre corps de la façon la plus étrange.

On sait que si on étale un homme sur un plan, la circonférence qui passe par les mains et les pieds a précisément le nombril pour centre, de sorte que le double mètre ou la brasse est la mesure moyenne de la taille de l'homme depuis l'extrémité des mains jusqu'à celle des pieds. On pourrait chercher dans la nature d'autres coïncidences aussi propres à populariser le mètre et surtout à perpétuer sa connaissance d'âge en âge; car on ne saurait prendre trop de précautionspour en perpétuer la mémoire. Dans un grand nombre de milliers d'années, alors que l'on ignorera qu'il y a eu une France, il serait bon que l'on connût encore la longueur du mètre. Puisse-t-il échapper au naufrage de notre civilisation, si cette dernière devait finir comme

celle des Atlantes par sombrer en une nuit et
en un jour dans les profondeurs de la mer.

Lorsque la commission du mètre eut terminé
son œuvre, l'Institut national voulut reconnaître
d'une façon solennelle, le concours que la République française avait trouvé.

Van Swinden, député de la République Batave, et Trales, député de la République Helvé-
tique, furent chargés de dresser le document définitif qui couronnait l'édifice de tant de travaux.
Ce rapport fut adopté dans la séance du 6 prai-
rial an VII, et l'on prit les dernières mesures
relatives à la fabrication des prototypes que l'on
possède encore.

L'étalon des archives est une règle de platine un peu plus grande qu'un de nos mètres ordinaires et sur laquelle on a tracé à la machine à
diviser deux traits séparés l'un de l'autre par la
distance légale.

Ce morceau de platine large de deux doigts et
de l'épaisseur d'environ deux centimètres a été
obtenu par le martelage, opération fort longue,
peu susceptible de régularité, mais pourtant la
seule à laquelle on put avoir recours tant que
l'art de la fusion du platine était inconnu.

Le kilogramme est également en platine, c'est

un cylindre dont la hauteur est sensiblement égale au diamètre de la base et dont les arêtes ont été légèrement arrondies; son diamètre moyen est d'environ 37 millimètres. Ces deux pièces inestimables dont rien ne pourrait compenser la perte, se trouvent encore à cette heure renfermées dans une armoire à trois clefs qu'on nomme l'*armoire de fer* comme celle où Louis XVI avait enfoui les papiers secrets dont la découverte fit tant de bruit en 1792.

L'histoire a conservé le récit minutieux des cérémonies qui eurent lieu alors avec la pompe habituelle à cette époque où les autorités républicaines cherchaient à faire oublier les fêtes de la monarchie traditionnelle.

Le 14 fructidor an VII l'Institut national se réunissait en séance solennelle sous la présidence de Lefèvre Gineau, membre républicole de la commission des poids et mesures. Les citoyens Trales et van Swinden donnaient lecture du mémorable rapport dont nous avons rapporté plus haut l'adoption. Le 1er fructidor suivant, le ministre de l'Intérieur faisait remettre à chaque membre étranger un cadeau destiné à témoigner de la reconnaissance de la République. C'était un exemplaire magnifiquement relié de la splendide édition de Virgile récemment sortie des presses du citoyen Didot l'aîné.

Il était difficile de récompenser d'une façon plus digne et plus simple à la fois des hommes qui avaient ainsi coopéré à cette œuvre immense.

La République ayant aboli les ordres de chevalerie et les décorations, ne pouvait mieux faire; mais une récompense que jamais monarchie n'aurait pu donner, était réservée aux commissaires de l'an VII. Leurs conclusions ont servi de base à la grande commission universelle de 1872. On peut les considérer désormais comme imposées par la raison à tous les peuples civilisés. Leur succès montre que si la force prime le droit, elle ne triomphe point de la science.

XIV

La vérification du mètre.

Comme nous l'avons vu, la commission du mètre avait considéré les vérifications dont la base de Perpignan avait été l'objet, comme suffisantes.

Mais Méchain qui avait pris une part si active à l'opération, se montra plus difficile à contenter. Il se proposa de conduire la méridienne jusqu'à l'extrémité des Baléares au lieu de l'arrêter à Barcelone. En opérant de la sorte on se débarrassait d'une nouvelle difficulté. En effet, Dunkerque et Formentera étant situées à égale distance du parallèle moyen de 45°, on pouvait se dispenser de tenir compte de l'hypothèse faite sur la valeur de l'aplatissement de la surface terrestre et opérer comme si les méridiens étaient tracés sur une sphère.

Malheureusement, épuisé de fatigues, ce savant vint à mourir. Après quelques hésitations le bureau des longitudes résolut de continuer l'œuvre du défunt. Il la confia à M. Biot qui venait de s'acquitter avec honneur d'une ascension aérostatique et de l'analyse de pierres tombées dans les environs de Laigle. On adjoignit à Biot, véritable chef de la mission, le jeune François Arago qui sortait alors de l'École Polytechnique, mais qui n'avait aucun titre particulier à une si grande faveur.

Singulière association que celle de ces deux délégués dont le génie était antipathique, et dont les opinions même scientifiques, offraient de si grandes différences. Biot qui avait pris part comme insurgé à l'insurrection de Vendémiaire était entré à l'École Polytechnique plus en réalité comme professeur que comme élève. Il devait pendant toute sa longue carrière défendre la physique de Newton dont il fut en quelque sorte le dernier disciple. Arago devait au contraire adopter avec une extrême ardeur l'hypothèse des vibrations et les idées républicaines. Cette différence de goûts, de tendance, de caractère, ne les empêcha pas de concourir avec un égal succès à la même œuvre.

Le gouvernement espagnol adjoignit aux savants français deux commissaires et mit deux vaisseaux à leur disposition. L'Angleterre même

ne resta point étrangère à cette expédition et
donna un sauf-conduit que le blocus des pays
alliés de la France rendait nécessaire.

Jusqu'à ce moment les opérations géodésiques avaient été exclusivement terrestres et les
côtés des différents triangles avaient des dimensions ordinaires. Mais pour la première fois en
face de la Méditerranée sur laquelle devaient
opérer les astronomes français, se présentèrent
des difficultés que l'on put croire longtemps
insurmontables. Il s'agissait de mesurer le triangle immense qui relie la dernière des Baléares
à la côte d'Espagne ; un des côtés n'a pas moins
de 142 kilomètres, l'autre, plus grand encore, en
a jusqu'à 160. Les deux opérateurs n'avaient
point comme de nos jours des fanaux électriques
à leur disposition. Ils ne pouvaient se lancer
leurs signaux qu'avec des lampes à huile devenant invisibles dès que l'on s'écartait de la direction convenable.

Biot qui avait été à Formentera pendant qu'A-
rago était resté dans le désert des Palmiers sur la
côte, commit une erreur dans l'orientation de
ses feux, et pendant longtemps Arago cessa d'a-
percevoir la moindre trace de lumière. Ces hésitations jointes à quelques obstacles de détails qui

n'existeraient pas de nos jours, prolongèrent la durée des opérations. Il ne fallut pas moins de six mois de tentatives multipliées pour venir à bout de ce seul triangle. Les deux jeunes astronomes ayant réussi malgré les difficultés innombrables qui semblaient devoir rendre leurs efforts inutiles, sentirent une nouvelle ambition. Ils résolurent de porter plus loin encore leurs mesures. Ils se proposèrent de rattacher l'Archipel à la côte d'Espagne de manière à déterminer par surcroît la longueur d'un arc parallèle. C'eût été un résultat de la plus grande importance, car on aurait ainsi vérifié par une mesure directe la loi de décroissance des petits cercles parallèles à l'équateur. Les deux jeunes émules se proposaient même de pousser leurs triangles jusqu'à la côte d'Afrique : mais dans leurs beaux projets scientifiques ils avaient négligé de tenir compte du plus grand de tous les obstacles, de la guerre acharnée que les rois faisaient à la République française.

Biot fut capturé malgré ses sauf-conduits et Arago fut heureux de fuir à Alger ou le Dey était nominalement en paix avec la France. Mais l'hospitalité que reçut le futur directeur de l'Observatoire de Paris, dans la cité des Barberousse ressemblait à une captivité véritable.

Les parents et les amis d'Arago ne s'y trompèrent point. Quand il revint en France, il commença à avoir peur en s'apercevant que sa famille et ses amis portaient déjà son deuil.

Les aventures du jeune savant ne portèrent point préjudice à son avancement. A cette époque l'Institut national semblait prendre plaisir à encourager le mérite naissant. Arago fut nommé de l'Académie à un moment où ses seuls titres étaient d'heureuses dispositions et une grande faculté d'élocution. L'Académie n'eut point à se repentir d'avoir traité avec faveur un des commissaires du mètre, en qui elle .trouva un de ses plus illustres secrétaires.

Grâce à ces péripéties étranges un troisième nom vint à s'ajouter avec ceux de Fontenelle et de Condorcet dans l'histoire de la première Société savante du monde. On peut donc dire sans exagération que c'est le mètre qui a donné Arago à la France. En effet, les périls courus pendant cette expédition romanesque, le succès remarquable avec lequel le jeune astronome s'était tiré d'opérations difficiles ont plané sur toute sa carrière et lui ont ouvert les portes de notre Sénat scientifique où il est entré plein d'ardeur à un âge où l'esprit s'attache aux grandes choses. C'est ainsi que les grandes expéditions scientifiques du siècle dernier avaient tant contribué à la gloire des membres de l'Académie des sciences, et que celles de ce siècle fourniront peut-être plus d'un illustre successeur aux astronomes ou aux physiciens qui la composent de nos jours.

XV

L'administration des poids et mesures.

Du temps des Grecs et surtout des Romains,
la vente à faux poids était considérée comme un
délit des plus graves, et le coupable était assi-
milé à un faussaire. Mais pendant la première
Constituante, on pécha par un autre excès, ce
fut par indulgence. On laissa pendant quelques
années les poids et les mesures sans autre protection que la bonne foi publique. Cet abandon
naïf était une conséquence non pas légitime,
mais pour ainsi dire inévitable des abus qui
avaient pris naissance sous la Féodalité. En
effet, sous prétexte de peser ou de mesurer on
avait établi des péages et des offices qui n'é-
taient qu'un prétexte à exaction. De prétendus
peseurs-mesureurs n'avaient d'autre fonction
que de percevoir avec des titres plus ou moins
grotesques, plus ou moins réguliers, des pots-de-
vin plus ou moins forts. Tous ces offices, tous
ces priviléges, furent abolis dans la nuit du

4 août et si radicalement qu'on ne trouva plus trace des anciens officiers dans l'histoire.

Ce fut la Convention nationale qui comprit la nécessité d'établir une administration spéciale pour veiller à l'exécution des lois relatives aux poids et mesures. Elle attachait une si grande importance à cette partie de l'administration que les bureaux de la Commission provisoire furent établis aux Tuileries, afin que les membres de l'Assemblée pussent sans trop se déranger assister aux séances.

Cette première Commission fut dissoute et remplacée immédiatement par une seconde qui, comme nous l'avons vu, inventa le mètre provisoire. Ce fut sous le Consulat que le service de la vérification reçut une organisation réelle, mais l'Empire qui succéda au Consulat, n'avait point la notion de la division naturelle des fonctions. Ce furent les sous-préfets eux-mêmes que l'Empire tenta de transformer en vérificateurs. Des droits, des taxes, des tarifs furent établis et la fiscalité commença à prendre possession de ce service.

Nous ne suivrons point toutes les vicissitudes d'une administration sans laquelle les réformes deviennent illusoires, car la fraude peut s'exercer de mille manières surtout dans les marchés où le peuple est partie prenante. Nous dirons cependant que c'est l'Ordonnance Royale de 1837 qui est encore le véritable Code de la matière malgré quelques changements ultérieurs.

L'Ordonnance entre dans de grands et minutieux détails sur la fabrication des mesures. Elle écarte avec soin toutes les substances de nature à nuire à la santé du consommateur. Le législateur s'efforce de simplifier la construction afin de rendre les erreurs plus faciles à constater. Il augmente la solidité par un motif analogue, enfin il ne néglige ni la commodité ni l'élégance. L'Ordonnance s'occupe également des balances, des romaines, des bascules, de la forme des poids. C'est une œuvre étudiée dans toutes ses parties sans autre préoccupation que le bien public. Sa publication et sa pratique ont sérieusement contribué à la propagation du système.

Les pénalités édictées par le Code sont peut-être trop légères, car le délit de tromperie avec des fausses mesures et des faux poids est dans beaucoup de cas un des plus grands qui se puissent commettre.

Toutefois il n'est pas inopportun de faire remarquer que la rigueur des dispositions pénales peut sans grand danger être tempérée à cause du soin avec lequel la connaissance du mètre a été répandue dans toutes les classes de l'instruction primaire. On est tellement familiarisé avec les unités usuelles que les erreurs peuvent être souvent rectifiées presque sans balance et sans règle. Les changements qui pourront survenir dans la législation proviendront probablement dorénavant de conventions internationales. Il paraît certain que par la force des choses la Commission du mètre deviendra le centre de toutes les innovations législatives ayant trait aux poids et mesures Elle servira de lien commun, de trait d'union permanent entre les différentes nations, comme nous le verrons plus tard dans la partie de ce travail où nous aurons à apprécier ses travaux.

XVI

La destruction du calendrier révolutionnaire

Les consuls de la République française ont
rendu des services incontestables à la propagation du mètre, car c'est à leur administration
qu'il faut faire remonter les premières règles
sérieuses pour apprécier la vérification des poids
et mesures ; mais chaque fois que le premier
consul faisait un pas vers le pouvoir héréditaire,
il sentait de plus en plus la nécessité de se conci-
lier la sympathie du parti qui avait le calendrier
révolutionnaire en horreur.

La vraie cause de l'opposition systématique
était la disparution des noms des saints remplacés, il faut le dire, d'une façon fort peu heureuse. La suppression du repos dominical n'était
pas moins un obstacle à son adoption par l'É-
glise. L'institution de *décadis* ou fêtes se suc-
cédant tous les dix jours avait un but politique dont il est facile de comprendre l'importance, mais qui devait blesser profondément tous

ceux qui regrettaient l'ancien état de choses. Ces habitudes nouvelles n'auraient pu s'enraciner que si le culte de la Raison avait triomphé de l'Évangile. Une réaction était donc inévitable.

A l'époque où elle fut tentée pour la première fois, le parti révolutionnaire était encore puissant dans le gouvernement impérial. Napoléon Ier devait compter avec des hommes de bien qui n'avaient point donné dans les exagérations démagogiques, mais qui n'avaient accepté qu'avec peine la restauration d'un pouvoir héréditaire, et qui ne subissaient pour la plupart l'établissement de l'empire que comme un mal nécessaire.

M. de Laplace fut chargé de les rassurer et il employa fort habilement sa haute autorité scientifique à donner le change sur les motifs du gouvernement qui ébranlait l'ensemble des institutions nouvelles. Il s'appuya sur les imperfections du nouveau mode de compter les temps et notamment sur la complication des intercalations.

La tâche n'était pas malheureusement difficile, car l'année républicaine considère le commencement de l'année comme un phénomène astronomique. C'est le passage du soleil lorsqu'il revient à l'équateur céleste dans son retour vers l'hémisphère austral qui marque l'origine de ce cycle. Comme le soleil dont il s'agit, n'est pas le soleil vrai, mais un soleil fictif dont le moyen mouvement est égal à celui du soleil vrai, et que dans ces calculs il est nécessaire de tenir compte de quantités telles que celles qui proviennent de la précession des équinoxes dont l'influence n'est pas susceptible d'être résumée d'une façon simple. En outre, le nom des mois avait l'inconvénient de représenter l'état moyen de la végétation pour le climat de Paris. Ainsi les mots de thermidor, messidor, fructidor étaient parfaitement absurdes pour une moitié du monde. On comprend donc que le calendrier révolutionnaire ait été promptement abandonné quoique M. de Laplace l'ait traité avec une injuste rigueur dans son rapport. En effet, le calendrier grégorien que l'astronomie lui préfère n'est pas lui-même irréprochable. Les intercalations par suite de la suppression des bissextiles séculaires sont très-compliquées, trop pour que l'on s'en serve avec avantage dans les calculs astronomiques. Aussi y a-t-il une tendance dans le monde astronomique à lui préférer le calendrier julien lequel est beaucoup plus simple puisque toutes les années ont une valeur de 365 jours 1, 4.

Si le 1ᵉʳ janvier s'y déplace, c'est d'une façon assez lente pour qu'aucun inconvénient pratique n'en résulte dans les habitudes traditionnelles ou même dans l'interprétation des événements historiques.

Toutefois les efforts des savants français pour l'établissement d'un nouveau mode de compter les temps auront certainement servi à la propagation de l'année équinoxiale des savants anglais qui offre des avantages bien plus réels pour les calculs astronomiques.

De même que l'année republicaine, ce cycle commence au moment où le soleil traverse l'équateur céleste, on a pris cependant l'équinoxe de printemps au lieu de l'équinoxe d'automne. Mais il n'y a pas dans cette année scientifique d'intercalation parce que le temps qui sépare deux passages consécutifs est traité comme une unité ordinaire et divisé en parties décimales, dixièmes, centièmes, millièmes, etc. On n'y connaît plus ni mois, ni jours, ni heures, ni minutes, ni secondes. Il est digne de remarque que le commencement de l'année a lieu sur un méridien itinérant répondant au point de l'équateur qui voit le soleil à son zénith lors de son passage à l'équinoxe de printemps. Bien entendu il s'agit du passage au zénith du soleil moyen et non du soleil vrai, sans cela les années n'auraient point exactement la même longueur. N'est-il pas à désirer que cette année équinoxiale se propage, car avec elle se développeront les avantages que les savants français cherchaient dans l'établissement du nouveau calendrier mais qu'ils n'ont point été à même de réaliser d'une façon suffisante.

La chute du calendrier républicain a été accompagnée de la désertion de la division décimale de la circonférence que M. de Laplace a sacrifiée également, mais sans pouvoir donner la moindre raison valable. Cette faiblesse a eu les conséquences les plus graves. Le quadrant, au lieu d'être partagé en 90 parties nommées degré, l'avait été en 100 nommées grade, chaque grade en 100 minutes, et chaque minute en 100 secondes. Le mètre représentait donc le dixième de seconde pour une circonférence dont le périmètre serait égal à la longueur d'un méridien terrestre.

Cette innovation était très-sage; et les nombres complexes dont de grands calculateurs comme le citoyen Laplace, devaient être les plus empressés à se débarrasser, sont aussi incommodes pour les astronomes que pour les épiciers. On avait exécuté sous la direction du citoyen Prony d'immenses calculs pour calculer les lignes trigonométriques avec un luxe d'exactitude et de précision inconnu jusqu'à ce jour. Tout cela fut sacrifié à la haine aveugle du calendrier révolutionnaire, et, depuis le commencement du siècle, aucun astronome n'a osé proposer de revenir sur ce que l'auteur de la *Mécanique céleste* avait cru nécessaire. Il est bon de remarquer que le mètre n'a plus aussi de signification géographique tandis qu'il en était tout autrement dans l'ancien système, aussi la circonférence de la terre étant partagée en 400 degrés, chaque degré était précisément de 100 kilomètres; chaque degré en 100 minutes, le kilomètre était précisément une minute : le mètre équivalait donc à un arc de 1/10 de seconde.

Le système itinéraire des marins possède cet avantage, puisque leur mille est la 60ᵉ partie d'un degré ou une minute géographique. Malheureusement cette mesure n'est point assujettie à la division décimale, sans cela elle aurait pu servir de base à un système rationnel rapportant à la même origine les mesures itinéraires et les mesures d'angle, la mesure du ciel et celle de la terre. Les malheureuses complaisances d'un savant qui n'avait point su résister au désir de plaire aux puissants du jour, ont exercé sur le système métrique dont il affectait d'être enthousiaste une déplorable influence. Il faudra peut-être bien des années pour réparer les tristes effets de cette condescendance contre laquelle protesterait inutilement quelque contemporain moins docile qu'Arago. Ainsi Biot refusa d'abandonner la division décimale de la circonférence qu'il conserva avec une honorable opiniâtreté dans tous ses nombreux ouvrages.

XVII

La corruption du système métrique.

Napoléon Ier, une fois couronné empereur, ne se contenta pas longtemps de ramener d'une manière vague les traditions monarchiques. Dans les dernières années de son règne, il voulait habituer la nation à la nouvelle dynastie et lui faire croire qu'elle n'avait fait que de succéder légitimement aux anciens rois de France.

Aussi crut-il devoir abolir le nom de mètre et le remplacer par un pied de trente centimètres ; ce pied fut divisé en pouces et le pouce en lignes. Il en fut de même pour la livre que l'on divisa en onces, en gros et en grains et à laquelle on donna le poids de 500 grammes. Le système métrique dont les avantages étaient pourtant si évidents, si palpables, si matériels, fut immolé comme étant entaché d'esprit révolutionnaire. Tout cela fut fait d'une façon détournée en invoquant les priviléges que l'on foulait aux pieds et sous le prétexte de faciliter le triomphe des idées métriques. Nous ne croyons pas qu'il soit inutile de mettre sous les yeux de nos lecteurs ce curieux morceau de la littérature administrative que nous extrayons du *Moniteur de* 1812.

« Presque tous les préfets, » dit M. de Montalivet, « m'ont témoigné qu'ils considéraient ces utiles changements comme le seul et véritable moyen de consolider l'établissement de l'uniformité des mesures. — Les noms donnés aux nouvelles mesures ne s'accordaient point assez avec le caractère de la langue, mais tout cela n'eût point été un obstacle à leur adoption si les mesures que ces mots désignaient, eussent convenu d'ailleurs aux usages journaliers par leurs divisions... Il est vrai, les anciennes mesures connues sous le nom de toise, d'aulne, de livre, n'avaient pas partout la même valeur. Mais elles avaient un point de ressemblance, le plus important aux yeux du public, partout la toise se composait de 6 pieds, le pied en 12 pouces, la livre en 16 onces... Une autre considération a déterminé le choix de nouvelles mesures; c'est le hasard heureux qui fait que les nouvelles mesures sont si peu différentes de celles de Paris, qu'on peut les prendre sensiblement les unes pour les autres dans la pratique. Et d'ailleurs, dans plusieurs pays il pourra se trouver d'autres rapports qui ne seront pas moins favorables à cette admission. C'est ainsi que dans le département de la Saura pris ici pour exemple, l'aune va se trouver parfaitement égale à deux *ras.* » (*Quel bonheur!*)

La Restauration quand elle voulut, suivant l'expression consacrée, rattacher la chaîne des temps ne fut pas gênée par le mètre dont le nom même avait en quelque sorte péri. Les pères Loriquet de la physique purent dire que le pied dont on se servait était celui de Charlemagne.

C'est seulement sous la monarchie de Juillet que l'on revint au système primitif grâce au progrès des lumières, au développement que les études de la période révolutionnaire avaient pris et à l'influence personnelle de M. Thiers. Mais le nouveau pied avait pris racine en France tandis que le mètre exilé avait été conservé en Suisse et dans quelques républiques espagnoles. Il n'avait pas cessé d'être considéré comme une unité savante et par conséquent aussi comme une unité pédante. La discussion qui a eu lieu en 1837, lors de la présentation d'un projet de loi pour effacer cette trace de nos réactions poitiques et sociales, a permis aux ennemis du progrès de reproduire sous une forme nouvelle tous les sophismes par lesquels le système métrique avait été combattu lors de son apparition et lors de sa mutilation par l'Empire. Nous ne pouvons nous empêcher de rapporter les paroles prononcées à la chambre de Paris par M. le comte Mounier, fils du célèbre Mounier de la Constituante. « J'ai vu l'un des globes géographiques divisés en quatre cents degrés apportés à l'empereur. Il est fatigant, nous dit-il, d'être remis tous les jours à l'école. Qu'on me rende celui auquel j'ai toujours été accoutumé ! »

On demandait à M. Beautemps Beaupré pourquoi les sondages de ces belles cartes marines étaient marqués en brasses. « Si je mettais des mètres, répondait-il, je ferais sombrer tous nos petits caboteurs. » Allez demander à nos vignerons de l'Orléanais à acheter un poinçon de vin ou une voulte d'eau-de-vie, ils vous comprendront ; mais si vous leur demandez un hectolitre de leurs boissons, ils riront comme si vous parliez hébreu ou chinois, de faire une toile de cinquante mètres de long sur cent vingt centimètres de large, ils ne vous entendront pas. Il ne sera de même de nos fermiers auxquels vous demanderez du foin par bottes de 5 à 10 kilos. Non-seulement on ne revend dans Paris les tissus qu'à l'aune, les épiceries qu'à la livre et à l'once, les vins que dans des fûts qui n'ont aucun rapport avec le système métrique, mais encore le bois s'y vend à la voie ou à la falourde et la farine au sac de 325 livres. Les annales de la Société royale d'horticulture publient chaque mois le prix de nos fruits et de nos légumes au boisseau, au panier, à la botte, à la manne, à la fraude botte, à la fraude manne, à la sachée, au sac, au calais, au paquet, au maniveau, etc., etc. Nos cuisiniers connaissent toutes ces mesures dont aucune cependant n'est métrique ». Il n'est pas besoin de réfuter de pareils sophismes. Ne suffit-il point, pour punir ceux qui les ont proférés, de les reproduire, alors que les passions qui les ont inspirés se sont heureusement éteintes.

XVIII

La renaissance du mètre.

A peu près au même moment où le système
métrique devenait obligatoire en France et
était adopté par les Pays-Bas, la Belgique et la
Grèce; mais, malgré les progrès rapides de l'ins-
dustrie favorisée par un quart de siècle de paix
presque générale et par la rapide construction
des chemins de fer, l'extension du système métrique subit un temps d'arrêt remarquable.

C'est seulement en 1851 que la propagande
du système reprit de l'activité. Cette période de
renaissance coïncide avec la proclamation de
la seconde République française qui ne pouvait, sans renier toutes ses traditions, se montrer
indifférente au progrès du mètre.

C'est à Londres que la bataille fut livrée et
gagnée pendant l'exposition universelle de
1851 dans laquelle la France encore républicaine, prit une part glorieuse.

Il n'est pas superflu peut-être d'ajouter que

ces grands concours eux-mêmes sont de création française quoique l'Angleterre ait eu la gloire de les rendre internationaux. En effet, la première exposition de l'industrie eut lieu au Louvre pendant la constitution directoriale, et nos voisins n'ont fait dans cette circonstance que de généraliser une des plus brillantes conceptions de la France régénérée. Il n'est point étonnant que ce grand concours de toutes les nations ait été si favorable au triomphe des idées auxquelles les expositions devaient leur existence.

Le Conservatoire des arts et métiers exposa dans cette foire du monde un mètre en cuivre par Gambey, et un mètre de platine construit sur le prototype des archives exécuté par Brunner et comparé par Silberman, directeur de la galerie des poids et mesures. D'après l'auteur de cette vérification, la différence entre le mètre et la copie était moindre de deux cent millièmes de millimètres.

Cette rigueur extraordinaire, l'élégance de la fabrication et le bon goût des modèles enlevèrent tous les suffrages.

Dès la clôture de l'exposition l'association britannique pour le progrès des sciences votait une résolution favorable à l'adoption du système métrique et très-fortement motivée. L'association britannique ne restait pas longtemps seule, car la puissante Société des arts qui avait organisé l'exposition, se préoccupait d'une façon toute spéciale de faire la propagande d'une mesure dont il était désormais impossible de mettre en doute l'urgence.

Deux ans après cette honorable manifestation le congrès de statistique de Bruxelles votait dans le même sens une résolution unanime.

L'exposition internationale de Paris fut l'occasion d'un nouveau succès du mètre. A l'une de cette mémorable solennité les membres du Jury signaient et votaient presque unanimement des déclarations demandant son adoption définitive.

Mais le mètre avait à combattre en Angleterre un ennemi acharné, c'était mylord Palmerston qui ne voyait sans doute dans la conservation des mesures britanniques qu'un moyen grossier de flatter les préjugés populaires; ce n'est qu'en 1862 que M. Eward parvint à obtenir de la Chambre des communes une proposition d'enquête.

Il fallut lutter énergiquement pour obtenir que les Anglais aient le droit de se servir du mètre, et que les gens intelligents ne fussent pas condamnés à de puérils calculs pour complaire à des ignorants, ennemis par principe de nos mesures décimales. Dans quelques années, nos amis de l'autre côté du détroit s'étonneront quand on leur fera le compte de tout le temps perdu par le calcul des nombres complexes, de toutes les fraudes rendues possibles par le défaut de clarté des unités étrangères et de la multitude d'affaires manquées, parce que l'on ne se rend pas compte au premier abord du prix de revient des choses les plus nécessaires.

Infatigable dans son zèle l'association britannique envoyait des délégués aux conférences qui se tinrent à Francfort en 1861, à Berlin en 1862, et enfin une nouvelle fois à Berlin en 1863. On ne saurait faire un trop grand éloge des services de ces enthousiastes volontaires s'étant donné la tâche de réparer le mal produit à la fin du siècle dernier par l'obstination de leur patrie.

Le gouvernement de l'empereur Napoléon III avait honorablement et sagement compris qu'il ne devait pas se trouver lié par les erreurs métriques du premier empire, et on le vit faire la propagande du mètre.

L'impulsion donnée par les expositions uni-
verselles entraînait successivement toutes les
nations qui n'étaient point aveuglées par un
parti pris déplorable. L'Espagne, les Pays-Bas, le
Portugal, l'Italie, les États-Romains, la Rouma-
nie, le Mexique, la Nouvelle-Grenade, l'Équateur, la Bolivie, Venezuela, le Pérou, le Chili,
le Brésil, lors de l'exposition de 1867, avaient
adopté purement et simplement le système
métrique des poids et mesures. Ces États, si on
en excepte le Portugal, le Brésil et la Rouma-
nie. avaient envoyé des délégués à la Commission primitive du mètre (1). De tous les États
qui avaient eu cet honneur, la république Hel-
vétique et le Danemark étaient les seuls qui
n'aient point alors adhéré. Ces deux derniers
États lui avaient fait des emprunts plus ou
moins importants. La Suisse était signataire
de la convention monétaire de 1865 qui établit
l'unité monétaire pour un groupe de 70 millions d'habitants, appartenant tous à la race
latine; et cette unité de mesure venant s'ajouter
à l'unité d'origine, à la similitude des langues.

(1) On peut considérer l'Espagne comme ayant alors
représenté toutes ses colonies.

vint créer un lien nouveau propre à lutter contre de jalouses combinaisons politiques.

A cette époque, les États les plus rebelles à la réforme des poids et mesures avaient fait un pas en avant. Ce pas était précisément le pas en arrière que Napoléon Ier avait fait lors de la détermination du pied métrique et de la corruption de tout le système.

La Prusse et les principaux États du Zollverein choisissaient pour unité de longueur et pour unité de poids un nombre rond de centimètres et de grammes. Ils donnaient ainsi satisfaction à leur amour-propre national en conservant leur pied et leur livre. Mais les États-Unis, loin de les suivre, imitaient l'Angleterre et accordaient à leurs nationaux le droit de se servir du mètre. Une commission nommée dans l'Inde anglaise concluait dans le même sens, et le gouvernement de cette grande dépendance de la Grande-Bretagne, se montrait plus libéral que la Grande-Bretagne elle-même.

La cause du mètre était gagnée, il suffisait, suivant la locution reçue, de donner le coup d'assommoir dans une grande occasion solennelle. Elle fut fournie par la célèbre exposition de 1867, où Paris brilla dans toute sa splendeur. La Commission impériale, avec une très-grande habileté, avait imaginé de placer au centre du palais du Champ-de-Mars une vitrine où elle avait réuni un spécimen de tous les poids et mesures en usage chez les différentes nations. Les adversaires du système ne se doutèrent pas du piége et vinrent naïvement, vrais papillons, se brûler à la lumière du progrès.

Le soin avec lequel les savants étrangers avaient poli, sculpté leurs étalons, n'a servi qu'à mettre en évidence, d'une façon plus brillante et plus solennelle, les imperfections de leurs unités particulières. Le monde entier convoqué à Paris a pu constater la supériorité de nos unités nationales. Les ennemis du mètre furent donc vaincus, comme il arrive souvent, en raison des efforts qu'ils avaient faits pour échapper à une défaite inévitable.

Cependant il n'est pas dans la nature des choses que la routine mette bas les armes, qu'elle capitule sans avoir épuisé ses moyens de défense. Dès que le triomphe du système fut assuré, on chercha à remplacer le mètre par une nouvelle unité universelle qui effacerait tout souvenir de la réforme française.

Comme nous l'avons vu, les mesures géodésiques sont très-intimement liées à la détermination de la base, puisque des mesures géodésiques ont été nécessaires pour déterminer la longueur du mètre. Mais cette grandeur est devenue indépendante de toutes les opérations scientifiques auxquelles son adoption a donné lieu. Le mètre doit être considéré *actuellement* comme une quantité concrète de laquelle toutes les unités doivent être déduites par un mode simple et logique, indépendamment de son origine; les sous-multiples et multiples de ces unités doivent se succéder d'après les puissances croissantes de dix, parce que le système décimal est la base de la numération. Sur ce point il n'y a pas de transaction possible, et une erreur des astronomes républicains dans leur évaluation de la méridienne n'aurait plus aucune importance juridique.

Les gouvernements qui légalisent successivement l'usage du mètre n'ont point le droit de se préoccuper de ces inexactitudes, dont la détermination est un objet de curiosité scientifique. L'Assemblée nationale et la Convention ont su placer dès l'origine la base du système au-dessus des atteintes de la jalousie et du pédantisme. Tout en ordonnant à la Commis-

sion académique de prendre les précautions
les plus minutieuses pour se soustraire aux
erreurs matérielles si faciles à commettre
dans un travail de cette nature, nos grandes
Assemblées n'avaient pas fait dépendre l'existence du mètre de la manière dont les opérations de la grande Commission académique seraient conduites. Les législateurs de cette époque
mémorable étaient trop bons philosophes pour
chercher une exactitude chimérique absurde.
Ils savaient bien que le génie de leurs mécani-
ciens, de leurs chimistes, de leurs physiciens,
de leurs astronomes, ne triompherait pas d'obstacles supérieurs en quelque sorte aux forces
humaines. Les lois et les rapports instituant le
mètre prévoyaient donc que la détermination
définitive serait erronée. L'erreur, qui, dans les
cas les plus défavorables, ne saurait influer
d'une façon notable sur la pratique, devait être
considérée comme une marque de l'état des
connaissances astronomiques et géodésiques à
l'époque où les opérations ont été faites. La réputation des auteurs de la détermination pouvait être en jeu, car leur gloire serait certainement compromise si l'on constatait des fautes
grossières, si l'on trouvait dans leurs procès-

verbaux des erreurs de calculs, des preuves de précipitation ; mais se fussent-ils montrés mauvais algébristes et observateurs négligents, il n'y avait point à revenir sur ce qui avait été décidé d'une façon définitive pour tous les temps, pour tous les âges, pour tous les peuples du monde.

Heureusement, ces principes ont été exposés avec une lucidité parfaite et une netteté triomphante par M. Leverrier, lors de l'établissement d'une conférence géodésique internationale à laquelle la France a eu le bon esprit de ne pas se joindre. En effet, sous le prétexte de mesurer plus exactement la forme de la terre, les savants allemands qui en avaient pris l'initiative, ne se proposaient rien moins que de remplacer le mètre ancien par un mètre nouveau représentant la dix-millième partie du vrai quart du méridien terrestre.

Il n'y a qu'un moyen de hâter le moment où la France pourra sans danger figurer dans le concours international pour la détermination de la figure de la terre, pouvait répondre l'illustre astronome ; c'est d'adopter le mètre actuel sous sa forme absolue, et de cesser de faire entendre des réclamations plus ou moins vives sur des imperfections en quelque sorte nécessaires. Mais ne deviendrions-nous point la risée du monde savant si nos astronomes et nos physiciens se bornaient à veiller sur la conservation du mètre comme les prêtres des faux dieux sur l'intégrité de textes sacrés dont ils ne savent plus pénétrer le sens ?

M. Leverrier n'aurait fait que reculer la chute du mètre s'il s'était borné à s'absenter d'un congrès dont le but hostile ne pouvait être dissimulé. Il ne l'a sauvé réellement que le jour où il a pu organiser les recherches géodésiques.

Le mètre n'occupe pas seulement à l'Observatoire national le cabinet dans lequel sont renfermés quelques types déterminés par Lefèvre-Gineau ; il remplit en quelque sorte les parties de ce bel établissement où les officiers d'état-major viennent apprendre à manœuvrer les grands instruments astronomiques.

Les lieutenants et les capitaines qui passent dans ces gracieux pavillons leurs veilles laborieuses, travaillent en même temps à effacer les plus tristes pages de notre histoire.

XIX

La Commission internationale du mètre.

Au point où la question avait été conduite en 1868, le gouvernement français n'avait plus qu'une marche à suivre : son devoir impérieux était de couronner l'édifice des institutions métriques. Une Commission nationale française, composée d'astronomes, de membres du bureau des Longitudes et de l'Académie des sciences ainsi que de quelques autres notabilités politiques et administratives, demanda au gouvernement de provoquer la nomination d'une Commission internationale dans le sein de laquelle seraient admis des représentants de toutes les nations. Cette Commission devait adopter des mesures propres à donner confiance dans l'intégrité des étalons déposés aux archives. Elle devait aviser en outre aux moyens de les copier à l'aide des procédés perfectionnés dont la physique contemporaire dispose.

Un rapport de M. Émile Leroux, ministre du

commerce et des travaux publics, en date du 1ᵉʳ septembre 1865, fut approuvé par l'empereur. Il fut suivi par l'envoi d'une circulaire du prince de la Tour d'Auvergne , ministre des affaires étrangères.

Presque tous les États invités acceptèrent la proposition du gouvernement français. Vingt-quatre puissances, représentant la majorité du genre humain civilisé, étaient présentes à la réunion qui fut tenue au Conservatoire à la veille de la déclaration de guerre. A cette époque, aucun désastre n'avait affaibli l'influence morale de la France. Le seul moyen de lutter, pour l'Allemagne et l'Angleterre alors entièrement soumise à l'influence allemande, fut de s'abstenir. Le projet du gouvernement impérial fut adopté avec enthousiasme par les autres nations. On peut même dire que la Commission dépassa le but que le ministre s'était proposé et se montra encore plus zélée que lui pour le triomphe du mètre.

Dans les premières réunions, elle décida que les commissaires seraient autorisés à prendre toutes les mesures qui seraient de nature à donner au système métrique un caractère international, sans cependant altérer son caractère indestructible. Dépositaire des étalons prototypes, le gouvernement français n'est point autorisé à donner son adhésion à des résolutions qui briseraient la chaîne d'une tradition qu'il doit défendre.

L'absence de la Prusse, de l'Angleterre qui mit en avant un mauvais prétexte pour expliquer son abstention, et des représentants de l'Allemagne encore indépendante, ne fit que donner plus de solennité à cette réunion qui délibérait encore au bruit du canon. Car c'est le 9 août 1870, que le gouvernement français donna son adhésion anticipée à toutes les résolutions que la Commission pourrait prendre. On en profita pour nommer une sorte de Comité exécutif qui était naturellement représenté par la section française.

Quand nos désastres éclatèrent, nous avions remporté sur le terrain métrique une victoire qui devait être décisive.

On ne se sépara pas sans avoir procédé avec une certaine solennité à la visite de l'étalon en platine. La Commission tint, à cet effet, une séance dans la salle des archives dites de l'armoire de fer. L'étalon fut trouvé en excellent état de conservation, en dépit des critiques dont il avait été l'objet. Malgré les vicissitudes étranges de notre état politique, malgré les concessions que certains gouvernements avaient faites à la routine et aux basses passions de classes qui se disent supérieures, jamais on n'avait cessé de veiller à la conservation des étalons métriques. Aucune réaction criminelle ne nous avait troublé dans la possession matérielle de ce trésor.

Les événements du siége de Paris et de la Commune interrompirent fatalement les travaux d'ensemble sans que les membres de la section française cessassent de veiller au salut des étalons métriques. Jamais la vigilance n'avait été aussi nécessaire. En effet, le mètre était perdu si l'on ne pouvait représenter les anciens étalons dans leur forme primitive. Heureusement les membres des Comités scientifiques de l'horrible Assemblée qui siégeait à l'Hôtel de ville n'étaient point assez savants pour se douter qu'ils avaient en leur possession un otage au salut duquel était attaché l'existence du système des poids et mesures. Les mains ignorantes et antipatriotiques qui ont brûlé l'Hôtel de ville et démoli la colonne Vendôme, ne se doutaient que vaguement du tort irréparable

7.

qu'aurait pu produire à la gloire de la France la disparition d'un morceau de platine dont le Comité des finances n'aurait pu tirer que quelques centaines de francs après l'avoir envoyé à la fonte.

Le soin d'incendier les archives fut confié, paraît-il, à quelque obscur complice qui n'avait pas perdu tout sentiment d'honneur national. Il suffit du plus léger obstacle pour que la farouche consigne ne fût point exécutée. D'autre part, M. le général Morin et M. Tresca avaient pris la précaution de cacher le mètre du Conservatoire, et de déposer la désignation de la cachette dans un pli scellé qui fut remis au secrétariat de l'Académie des sciences.

Aussitôt que le rétablissement de l'ordre permit de se livrer à des travaux scientifiques, la Commission reprit le cours de ses séances. Elle fut vivement encouragée par M. Thiers, alors président de la République, et par M. Jules Simon, ministre de l'instruction publique. Ces deux hommes d'État comprenaient trop bien l'importance d'une victoire morale remportée au lendemain de nos défaites matérielles, pour ne pas redoubler d'efforts, afin d'obtenir une solution satisfaisante. S'il est juste de rendre hommage

au zèle dévoloppé par le gouvernement de Napoléon III, pendant les dernières années du règne,
il n'est pas moins indispensable d'attirer l'attention sur le patronage chaud et éclairé que la
question du mètre a rencontré dans le gouvernement républicain au moment où l'on savait à
peine si la France allait renaître de ses cendres.

On ne pouvait du reste moins attendre de
l'historien patriote de la Révolution française,
de l'homme qui, trente ans auparavant, n'avait
pu arriver aux affaires sans travailler à la restauration du mètre.

La Commission internationale convoquée de
nouveau reprit donc le cours de ses séances,
qu'aucun événement ne devait plus interrompre
et qu'elle ne suspendra qu'après avoir terminé
ses travaux de manière à n'y plus revenir.

XX

Résolutions de la Commission du mètre.

Les séances de la Commission du mètre faillirent être troublées par un incident imprévu, d'autant plus dangereux peut-être pour l'avenir du système métrique, que la Commission est composée d'éléments hétérogènes, et nos vainqueurs voient peut-être dans ce triomphe de nos idées françaises une sorte de commencement de revanche.

Toutes les puissances sont représentées sur le taux d'une voix par chaque dix millions d'habitants, mais aucun État ne peut avoir moins d'une voix, et aucun non plus ne peut en posséder plus de trois. Le vote par tête de tous les délégués est la règle ordinaire, mais le scrutin par nation peut avoir lieu chaque fois que trois délégués de nationalité différente en font la demande.

Jusqu'à ce moment, le plus grave obstacle des Commissions du mètre avait été l'absence de nations importantes, mais la difficulté qui surgit était d'une autre nature. Une puissance qui n'existait plus voulait continuer à envoyer son plénipotentiaire.

Lorsque la Commission fut convoquée, le père Secchi représentait dans son sein le gouvernement pontifical. Les États du Pape ayant été annexés au royaume italien, il semblait logique que son représentant cessât de délibérer avec ses confrères ; cependant le père Secchi se présenta pour délibérer comme si les troupes du roi d'Italie n'avaient pas pris possession du Capitole.

Il n'y avait pas eu de convocation nouvelle depuis celle qu'avait signée le prince de la Tour d'Auvergne. La Commission qui s'était ajournée reprenait le cours de ses séances.

C'est à la faveur de cette équivoque que les prétentions du Pape furent accueillies et que le père Secchi prit séance ; sa présence entraîna naturellement la retraite des représentants du gouvernement italien, qui ne pouvaient admettre une sorte de protestation contre le fait acquis de l'occupation de Rome. C'était la première fois que le Chef de la catholicité montrait tant de zèle pour le succès des opérations de la Commission du mètre. Les temps étaient bien changés depuis l'époque où les prêtres réfractaires agitaient les campagnes en dénonçant les criminelles inventions du système républicain des poids et mesures!

On parvint cependant à terminer ce différend par une sorte de compromis, assurant au père Secchi une sorte de droit personnel de] suivre des questions pour lesquelles on lui reconnut une compétence exceptionnelle. Les prétentions du Saint-Père disparurent, éclipsées par le talent hors ligne de son ambassadeur.

A l'époque où le mètre des Archives fut construit, on ne connaissait point encore les procédés qui permettent de fondre le platine; on le travaillait en le rendant homogène à la suite d'une sorte d'amalgame mécanique auquel on peut adresser un reproche très-grave.

Les lingots obtenus sans l'intervention de la fusion manquent fatalement d'homogénéité. Ils ne sont pas semblables à eux-mêmes dans leurs différentes parties; comment pourrait-on espérer que plusieurs échantillons soient pareils les uns aux autres? Peut-être la Commission primitive du mètre aurait-elle agi plus sagement en adoptant l'or, car la dureté de ce métal est très-voisine de celle du platine ; son inaltérabilité est comparable, et il se fond avec une facilité merveilleuse.

Heureusement, deux chimistes français, MM. Henri Sainte-Claire Deville et Debray, ont inventé un procédé qui permet de triompher de la grande infusibilité du platine en le soumettant à la chaleur d'un chalumeau de gaz oxy-hydrogène dans un creuset de craie, et de lui donner une homogénéité pareille à celle de l'or. La seconde Commission du mètre décida avec raison qu'on aurait recours à ce système.

A-t-elle été aussi bien inspirée en déclarant qu'on emploierait un alliage composé de platine, d'iridium, métal congénère du platine ? C'est une question que nous nous contentons de poser et que l'on résoudra peut-être dans les siècles futurs par la négative.

Afin de faciliter les prises de température, il fut décidé que le mètre de la Commission internationale ne serait pas une simple règle comme celui des Archives, on lui donna une forme semblable à un ✕ dont M. Tresca avait calculé les dimensions.

Enfin, il fut décidé que l'on ne recommencerait point les opérations compliquées qui

avaient été nécessaires pour déduire le kilogramme du mètre, mais on se décida à copier le
kilogramme des Archives comme l'on avait copié
le mètre.

La Commission n'a pas une seule fois perdu
de vue la nécessité de respecter l'œuvre des Assemblées législatives de la première république,
qui n'avaient fait que donner force légale au
résultat des travaux de l'Académie des sciences.

La majorité des délégués a compris l'importance de sa mission et ne s'est pas laissé séduire
par la folle pensée de l'agrandir en changeant
insensiblement sa nature.

Certaines personnes avaient imaginé de créer
à Paris un bureau international de poids et
mesures qui, naturellement, aurait été chargé de
veiller sur les étalons métriques. Quoiqu'il ne
fût pas matériellement sorti de l'enceinte de la
capitale de notre République, le mètre passait
en réalité entre des mains étrangères. Qui sait
si ce n'était point une manière déterminée d'arriver ultérieurement à la révision, à son rem-
placement par une unité nouvelle ?

Mais grâce à la vigilance de M. Leverrier, au
concours éclairé qu'il trouva auprès des représentants des puissances amies de la France, ce

plan auquel quelques représentants français s'étaient laissé aller à donner leur assentiment irréfléchi finit par échouer d'une façon complète. Chaque pays restera gardien des étalons dont nous avons expliqué la détermination et dont la construction s'exécute à cette heure. Une conférence diplomatique pour régler les questions relatives à l'usage des poids et mesures métriques, remplira le rôle du bureau universel jusqu'au jour où nous n'aurons plus à craindre qu'on nous escamote la base de notre système et que la peau du renard permette d'arriver où la peau du lion n'a pu parvenir.

XXI

La fabrication du métre.

Une fois que l'alliage de platine et d'iridium
a été coulé homogène, les opérations relatives
à ce grand objet se réduisent essentiellement à
un petit nombre : la mesure de la dilatation des
substances, la prise des températures au moment où les règles sont taillées. Elles offrent de
grandes difficultés à cause de la rigueur exces-
sive avec laquelle il est pour le moins décent
de procéder dans une opération de cette importance. Elles ne diffèrent point essentiellement
des opérations analogues auxquelles la première
Commission du mètre avait cru avec raison nécessaire de s'assujettir. Nous regrettons que la
nature de notre travail nous interdise de montrer les progrès permanents que l'application
des méthodes rigoureuses à la fabrication et à
la comparaison des étalons laissera dans toutes
les parties de la haute physique.

Nous nous bornerons à montrer que la fusion

de la masse de platine iridiée, d'où la Commission a tiré ses étalons nationaux, profitera nécessairement à la métallurgie d'un métal qu'on n'avait point encore traité industriellement. Quelque intérêt qu'offrent ses propriétés physiques, il n'était point sorti encore du laboratoire.

Jamais les inventeurs du procédé de fusion n'avaient imaginé qu'ils devaient être appelés un jour à opérer sur une échelle aussi grandiose, car le lingot à fondre définitivement ne devait pas avoir moins de 250 kilogrammes.

En conséquence, ont crut prudent de procéder à des fusions préliminaires dans le laboratoire de l'École normale. MM. Thiers et Jules Simon tinrent à assister à ces expériences pour donner une preuve du haut intérêt avec lequel ils suivaient les opérations de la Commission du mètre. Les morceaux de platine et d'iridium destinés à la fabrication d'un lingot type de 50 kilogrammes, furent jetés, l'un après l'autre, dans un creuset en craie, recouvert par un autre morceau de craie qui portait plusieurs chalumeaux encastrés. Par chacun de ces chalumeaux sortait un double jet de gaz oxygène et hydrogène.

La chaleur obtenue, quand on allumait ce mélange, était si intense, qu'en moins de quelques minutes, le platine, métal si difficile à fondre, était transformé en masse incandescente donnant un éclat pareil à celui du soleil.

Les orifices par lesquels on avait introduit les barres destinées à la fusion étaient changés en points étincelants qui blessaient la vue des spectateurs.

Le lingot refroidi fut passé à la filière et analysé ; on le trouva d'une homogénéité irréprochable.

On procéda alors à la fusion de quatre autres lingots identiques ; on les fit tous quatre passer à la filière et l'on décida à en former un lingot unique.

La fusion, cette fois, eut lieu en présence d'un petit nombre de personnes seulement, presque toutes appartenant à la Commission internationale, sous un hangar établi dans le jardin du Conservatoire.

Pendant ces opérations, la révolution parlementaire du 24 mai avait eu lieu. M. Thiers n'était plus président de la République.

A l'École normale, on avait cru nécessaire de faire arriver dans le creuset un jet d'hydrogène pur ; mais on ne tarda point à s'apercevoir que

le gaz d'éclairage brûlé avec de l'oxygène pur
produit une chaleur suffisante. On reconnut
également qu'il n'était pas nécessaire de placer
le métal à fondre dans un morceau de chaux qui
ne se manœuvre jamais sans de grandes difficultés. On réussit admirablement en prenant un
creuset formé de calcaire grossier. Mais on
avait introduit dans la fabrication deux simpli-
fications importantes.

L'opération s'accomplissait d'une façon moins
solennelle, mais avec des proportions plus grandioses. Les abords du hangar étaient encombrés
d'appareils pour la fabrication de l'oxygène,
que l'on avait tiré du chlorate de potasse dans
des cornues en fer. On avait disposé des moufles
pour soulever le couvercle du lingot qui, cette
fois, ne portait pas moins de cinq chalumeaux
en cuivre, presque aussi complétement infu-
sibles, en offrant une résistance incomparable-
ment plus grande.

Le lingot ainsi préparé fut présenté à l'Académie des sciences : un morceau de métal de
forme à peu près régulière, qui n'avait que
1,140^{mm} de longueur, 178 de largeur et 80 d'é-
paisseur. S'il eût été en aluminium, on aurait
pu aisément le manier à bras tendu. Mais la

densité du platine est si prodigieuse, qu'il fallait quatre hommes pour le porter sur un brancard.

A peine M. le général Morin s'était-il assis, que M. Henri Sainte-Claire Deville mettait sous les yeux de la savante Assemblée un flacon contenant 8 kilos 200 grammes d'osmium, métal congénère du platine et de l'iridium, mais beaucoup plus rare. En effet, il est principalement extrait à l'état de pureté de l'acide osmique, substance volatile et vénéneuse, qui ne se manie pas sans de grands dangers.

MM. Debray et Clément, qui ont exécuté les manipulations dans le laboratoire de l'École normale, en ont éprouvé les douloureuses atteintes.

Après avoir été soumis au martelage, le grand lingot de la Commission du mètre a été envoyé à la filière. Il a subi un nombre considérable de passes qui ont augmenté la ductilité et l'homogénéité de la matière, car on lui a donné un allongement tel, que si l'on mettait bout à bout toutes les barres, on obtiendrait une longueur de plus de cent mètres.

Pour augmenter encore cette perfection dans la fabrication des étalons nationaux, il a été décidé de créer un nouveau prototype international, qui sera une des nouvelles copies du mètre choisie d'une manière toute particulière.

Une fois les étalons nationaux fabriqués, on étudiera leur coefficient de dilatation ; on en fera la moyenne, et le nouveau type sera celui de tous les étalons qui s'approchera le plus de la valeur moyenne.

Quant au mètre des Archives, il ne sera plus sorti de son écrin que pour des vérifications solennelles nécessairement très-rares. Les kilogrammes seront tirés du même lingot de platine. On leur donnera la forme d'un cylindre dont le rayon de base égale la moitié de la hauteur.

Comme on le voit par ce court exposé, on n'aura négligé aucune des mesures que la science peut suggérer pour assurer la conservation indéfinie du type créé par la première République.

Mais, avant de terminer notre travail, nous ne pouvons nous empêcher de faire une remarque à laquelle nous savons que beaucoup de personnes éclairées, soucieuses d'augmenter la gloire de la France, ont songé avant nous.

Les événements de la Commune de Paris ont

montré à tous les yeux combien les précautions les plus sages peuvent, dans certaines circonstances malheureuses, devenir inutiles et vaines. Au lieu de se borner à proposer des règles de platine, pourquoi ne construirait-on pas, par exemple, au sommet du Trocadéro, un édifice colossal et de formes aussi peu destructibles que possible ; ce monument reproduisant toutes les unités métriques par voie de multiples et de sous-multiples jouerait le même rôle que les Pyramides. Il serait dans les siècles futurs le témoin du zèle que notre génération a pris à des questions que les ignorants dédaignent, mais qui intéressent vivement les gens éclairés, amis du progrès et de la France.

XXII

Les unités universelles.

Le thermomètre centigrade est le type des instruments destinés à mesurer les forces naturelles, telles que la chaleur, l'électricité, la lumière. Une longue série de recherches sont nécessaires pour que ces appareils puissent devenir universels, et que, par conséquent, leur usage soit imposé aux savants de tous les pays, car les unités scientifiques qui font partie du système métrique, sont loin d'être irréprochables. La situation du zéro choisi pour l'origine des températures est mauvaise, puisqu'on est obligé de se servir bien souvent des signes négatifs. L'idée de rapporter la densité de toutes les substances gazeuses à celle de l'air n'est pas moins blâmable , car il est nécessaire de faire un calcul quand on veut évaluer les poids en grammes. Il était bien plus simple de rapporter le tout à l'eau, sans distinction d'état physique.

On comprend donc que nous ne sommes point

à la veille du temps où toutes les nations s'entendront sur la comparaison des conductibilités,
des rayonnements, des résistances à la traction,
à la compression, à l'écrasement, etc., etc.

Mais est-il permis de douter un seul instant
qu'un jour viendra où les savants de tous les
pays posséderont ces unités vraies et s'en servi-
ront de la même manière.

Nous ne reviendrons point sur les causes que
nous avons attribuées à l'insuccès de la réforme
du calendrier, et sur celles qui s'opposeront
peut-être toujours à un changement radical;
mais si l'on doit renoncer à changer le nom des
mois ou même leur nombre de jours, n'est-il
point permis de faire remarquer que le calendrier Julien possède sur celui qui est en usage
chez nous un avantage considérable? Le calendrier des Russes est exempt des complications
que le pape Grégoire a introduites dans le nôtre.
Qui sait si l'on ne verra pas les nations euro-
péennes revenir sur ce qui a été si légèrement
adopté à une époque où la superstition et
l'ignorance exerçaient encore tant d'empire?

L'unité de méridien ne tardera pas probablement à être adoptée. Mais ce ne sera pas le
méridien de Paris qui fera oublier celui de Ber-

lin, celui de Greenwich ou celui de Washington ; ce sera celui de l'île de Fer, non-seulement pour compter les temps, mais encore pour compter les heures.

En effet, l'usage des chemins de fer nous conduit déjà à employer l'heure de Paris dans toute la France. L'usage de la télégraphie universelle obligera à faire un pas de plus et à adopter pour le temps une origine commune, faute de laquelle se produiraient des méprises sans cesse renaissantes.

L'année équinoxiale des Anglais peut encore, comme nous l'avons fait remarquer, être utilisée au point de vue scientifique. En effet, elle permet de ne plus tenir compte des mois, de supprimer les jours et les heures. Elle remplace toutes ces unités indispensables pour les besoins de la vie pratique, mais dont l'astronomie pratique n'a que faire, par des fractions décimales de l'année considérée comme une unité ordinaire.

Ces différentes réformes s'imposeront pour ainsi dire d'elles-mêmes, comme la largeur des voies ferrées tend à devenir universelle, parce qu'il faut que les wagons puissent, sans donner lieu à transbordement, passer d'un réseau sur un autre. Elles ne seront point accomplies sans

une multitude d'autres d'un genre tout différent, qui seront autant de corollaires inattendus,
de progrès indiscutables. Car les relations
commerciales, industrielles et scientifiques ne
peuvent se faciliter sans que les guerres deviennent plus odieuses et par conséquent plus
rares.

L'administration des postes françaises, trop
vivement émue des nécessités fiscales, avait
adopté des taxes variant de la façon la plus
étrange, même quelquefois au détriment des
intérêts du Trésor. Le désordre d'idées avait
été si grand, que pendant un certain temps les
industriels de Paris avaient avantage à envoyer
leurs prospectus et avis de commerce à Bruxelles
pour les faire distribuer en France avec le tarif
des imprimés belges.

Ces écarts et les singulières hésitations pour
contracter quelques traités postaux avec les
États-Unis d'Amérique, n'ont pas été sans influence sur la convocation d'un congrès universel qui a choisi Berne comme chef-lieu d'un
bureau international, et qui ne s'est pas séparé
sans émettre un vœu pour l'adoption d'une unité
de perception universelle.

Il en sera certainement de même pour la perception des dépêches électriques dont l'usage va en se propageant avec une rapidité si prodigieuse.

Les droits de douanes et les taxes d'octrois ne tarderont point à être soumis à une généralisation de même nature, tout en réservant les droits souverains de chaque État pour le *quantum* des impositions.

La manière de compter le tonnage des navires à la mer a donné lieu récemment à des difficultés très-graves pour l'application des tarifs de la Compagnie universelle de Suez. Il est évident qu'un règlement définitif international écartera prochainement jusqu'à la possibilité de conflits pareils.

Le commerce des vins et des eaux-de-vie a échappé jusqu'à ce jour à la réglementation des unités métriques. On peut, sans se hasarder beaucoup, prédire que ce désordre ne tardera point à être supprimé par l'intervention d'une réglementation salutaire.

Les joailliers ont conservé l'habitude de compter par carats, et les opticiens ne parlent encore que par lignes et par pouces. Il n'y a pas de raison pour conserver des exceptions qui nuisent autant au commerce qu'aux consommateurs et à la science.

L'unité dynamique ou cheval-vapeur n'est employée que parce que l'on a cru qu'il était possible de déterminer le nombre de chevaux de sang que remplacerait une machine. Le nombre de kilogrammes enlevés à un mètre en une seconde de temps est l'unité dynamique naturelle qui remplacera certainement toute évaluation quelconque.

Quand les forces sont très-petites, comme lorsqu'il s'agit des attractions électriques, le kilogrammètre est une unité trop grande. On a proposé avec différents noms de prendre le milligramme ou le gramme, élevé à un millimètre en une seconde.

Pour une raison analogue, il est absurde de se servir de kilomètres pour mesurer les distances ou les vitesses des corps célestes, car les trop grands nombres cessent de parler à l'intelligence. Les astronomes ont la mauvaise habitude de porter en lieues de quatre kilomètres, ce qui n'offre aucun avantage sérieux. L'idée la plus simple est de prendre pour unité le rayon terrestre ou la circonférence moyenne de 40,000,000 de mètres.

Quelques distances sont encore plus grandes, et le rayon de la terre devient lui-même insignifiant, en comparaison de la distance qui semble nous séparer des étoiles. Certains auteurs, dont l'invention doit être citée avec éloge, ont imaginé d'introduire une nouvelle espèce d'unité, la vitesse de la lumière. Ils estiment ces lignes immenses en comptant le nombre des années que la clarté de ces soleils écartés met à nous atteindre.

L'usage de ce genre d'unité suppose d'une façon formelle que cet élément fondamental, a été déterminé d'une façon précise. Ne serait-ce point une de ces dernières notions fondamentales pour lesquelles ce ne serait pas trop de toutes les forces de l'humanité intelligente et civilisée ?

C'est le travail que MM. Léon Foucault et Figeau, deux illustres associés, ont exécuté entre Montlhéry et l'Observatoire.

L'Académie des sciences de Paris n'a pu obtenir que toutes les expéditions du passage de Vénus soient combinées. Il en résulte que l'on peut dire que les Anglais, les Américains, les Français, les Allemands et les Russes, ayant opéré chacun *en leur particulier*, sans tenir compte de leurs voisins, auront leurs parallaxes! Autant de nations se disant grandes, autant de distance du soleil. Il est fâcheux véritablement que chaque peuple ne puisse avoir son *astre* spécial pour son usage individuel et soit obligé de se laisser prosaïquement chauffer par le corps céleste banal qui éclaire les autres.

FIN.

TABLE DES MATIÈRES

CORBEIL. — Typ. de CRÉTÉ FILS.

ON S'ABONNE

A la Librairie de G. MASSON, à Paris.

LA NATURE

REVUE DES SCIENCES

ET DE LEURS APPLICATIONS AUX ARTS ET A L'INDUSTRIE

Journal hebdomadaire illustré.

RÉDACTEUR EN CHEF

GASTON TISSANDIER

Jamais la science n'a joué un rôle aussi important qu'à notre époque : elle est partout ; ses merveilleuses applications apparaissent constamment de toutes parts et sous toutes les formes. A côté des recueils spéciaux qui existent en France, il nous a semblé qu'il y avait une place à prendre pour une revue d'actualité scientifique, qui serait en même temps le *Magasin pittoresque* de la science et *le Tour du Monde* savant et industriel. Enrichir le texte de nombreuses et belles gravures, fuir l'écueil de la banalité et de l'inexactitude en faisant traiter chaque question spéciale par un écrivain compétent, solliciter les savants à fournir eux-mêmes des renseignements sur leurs travaux, puiser à l'étranger tout ce qui est nouveau, insister particulièrement sur les grandes questions à l'ordre du jour qui tiennent en éveil l'attention publique ; telles ont été nos préoccupations constantes dans la création de *la Nature*.

Si l'on voulait se borner à faciliter l'intelligence du texte, il suffirait de simples figures analogues à celles que publient les livres techniques. Mais nous avons pensé qu'il n'était pas inutile d'embellir une figure de science et d'en faire une œuvre d'art sans qu'elle cessât d'être exacte et sérieuse. — Pourquoi le journal scientifique serait-il condamné à être aride, sec et souvent ennuyeux ? Combien ne gagne-t-il pas, au contraire, à prendre l'aspect d'un livre agréable, **attrayant**, afin d'attirer les lecteurs, d'augmenter le nombre de ceux qui aiment l'étude et qui sont animés de la salutaire curiosité scientifique ?

L'accueil que le public a bien voulu faire à notre recueil a pleinement confirmé notre appréciation : ce n'est plus aujourd'hui sur la promesse d'un programme que notre œuvre peut être jugée. Elle doit l'être par nos deux premiers volumes, qui comprennent plusieurs centaines d'articles ornés de gravures, et que les tables, faites avec le plus grand soin, rendent d'une lecture aussi commode que celle d'un annuaire.

La Nature, qui donne chaque semaine le compte rendu des séances académiques, le tableau succinct des nouveautés scientifiques et industrielles, en même temps que des notices complètes sur les questions qui s'agitent dans le monde savant, est tout à la fois un journal et une encyclopédie. Il s'adresse à tout le monde ; son but essentiel est de vulgariser la science, sans la dénaturer.

Le journal *la Nature* paraît le samedi de chaque semaine, par numéros de 16 pages grand in-8, imprimés sur deux colonnes et ornés de nombreuses gravures. Il forme chaque année deux beaux volumes de bibliothèque aussi intéressants par les sujets variés qui y sont traités que remarquables par le luxe de l'exécution.

LES TROIS PREMIERS VOLUMES SONT EN VENTE

Prix du volume ·

Broché........................,.. **10** "
Richement relié................. **13 50**

PRIX DE L'ABONNEMENT

Paris. Un an........... **20** " | Départements. Un an... **25** »
— Six mois........ **10** » | — Six mois. **12 50**

Le quatrième volume a commencé avec le Nᵒ 79 (5 décembre 1874)

Prix du numéro : 50 centimes.

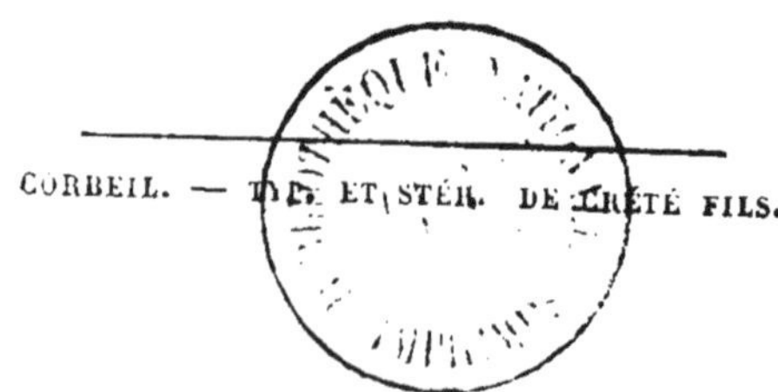

CORBEIL. — TYP. ET STÉR. DE CRÉTÉ FILS.